U0939781

细腻的人：高敏感人群如何摆脱

精神内耗

〔日〕武田友纪——著

高钰洋——译

图书在版编目（CIP）数据

细腻的人：高敏感人群如何摆脱精神内耗 /（日）武田友纪著；高钰洋译. -- 南京：江苏凤凰文艺出版社，2022.9
ISBN 978-7-5594-7076-8

Ⅰ. ①细… Ⅱ. ①武… ②高… Ⅲ. ①成功心理 – 通俗读物 Ⅳ. ① B848.4–49

中国版本图书馆 CIP 数据核字 (2022) 第 142855 号

著作权合同登记号：10–2022–296

细腻的人：高敏感人群如何摆脱精神内耗

（日）武田友纪 著　高钰洋 译

责任编辑	白　涵
出版发行	江苏凤凰文艺出版社
	南京市中央路 165 号，邮编：210009
网　址	http://www.jswenyi.com
印　刷	三河市金泰源印务有限公司
开　本	880mm × 1230mm 1/32
印　张	7.25
字　数	100 千字
版　次	2022 年 9 月第 1 版
印　次	2022 年 9 月第 1 次印刷
书　号	ISBN 978 - 7 - 5594 - 7076 - 8
定　价	45.00 元

江苏凤凰文艺版图书凡印制、装订错误，可向出版社调换，联系电话 025–83280257

本书可以帮助你改善过于细腻敏感的思维方式。

——武田友纪，高敏感人士（SHP）专业心理咨询师

序言

本书旨在向世人揭示，因情感细腻而容易产生压力的人，如何在保持敏感性的同时，过上轻松的生活。

“真的可以做到吗？”也许你会产生这样的疑问。

细腻的人，总是通过丰富的感官关注事物的细节。而让他保持心细的状态，本来对其而言就是一件非常疲累的事情。这样一来，产生疑问也不奇怪了。

但是请你思考一下。你是否听家人朋友或者同事说过类似的话？

“不要在乎那些小事。”

“培养钝感力是非常重要的。”

但是，每每听到这番话，你总是会产生疑惑，到底该如何才能够做到不在意呢？他们说的话仿佛只是一句空话，根本不能帮你解决实际问题。

因为所谓的细心，并不是性格上的问题，而是与生俱来的一种品格。

就像高个子的人无法将身高变矮一样，细腻的人也很难变得大大咧咧或毫不在乎。一个天生细腻的人，强迫自己变得迟钝，是对他自身的否定，会使他失去自信心和生活的力量。

本书将向读者朋友们展示细腻的人如何有效生活，这与培养钝感与锻炼心力是完全不同的理念。

细腻的人，从根本上肯定与珍惜自己细腻的感官，才能过上更加幸福的生活。

我之所以敢如此断言，是有理由的。因为不仅我自己是一个细腻的人，而且，在职业经历里，我曾帮助许多因心思过于细腻而困扰不已的人重新找回生活的意义。

我曾经由于不断积累的工作压力，停职休息过一段时间。那时起，我开始关注细腻的人的心理状态。

曾经，我也曾经受累于敏感的情绪，十分疲惫。但是当我意识到自己情感过于细腻之时，便将其作为自己的长处发挥出来，我的人生自那时发生了巨大的变化。

身边的人际关系变得轻松、简单。工作时也不再紧张，可以放开胆子发挥。现在我作为专业的心理咨询师，面对因情感细腻而困扰的人、在人群之中无法获得快乐的人、想要寻找适合自己工作的人开展心理咨询的工作。

至今为止，在我接触到的细腻的人中，大多都有共同的现象。他们过分在意周边人不经意的细节之处，且很难摆脱这种思维。

举例来说：

对方开玩笑的一句话，会伤到他的自尊心。

当公司有人心情不好时，过分在意对方的心情，而无法开展工作。

过度关注房子外面自动贩卖机的声音。

由于过度思虑对方的情绪而无法表达自己的意见。

即使工作内容十分简单，也会疲惫不堪，甚至怀疑世上是否有自己能够胜任的工作。

对未来的人生产生怀疑迷茫，不知该如何生活下去。

就像上面举例所说，从人际关系到生活方式。每个人找我咨询的内容均不相同。

在我的职业生涯中，曾找我咨询问题的人达600名以上，在大型活动中参与过心理咨询的人达到了1000名以上。在日本，像我一般专门和细腻的人打交道的心理咨询师是极少的。

我的理念是将情感细腻作为长处在生活中加以发挥，辅助我们更好地生活。接受过我的心理辅导的人，在人际关系处理和工作问题上都得到了显著的改善。比如：

他们变得更加能够享受与朋友共处的时光。

他们变得敢于向自己的父母吐露心声，并获得对方的支持。

他们在职场中变得更加积极轻松，即使工作比之前要繁忙，也能够乐享其中。

通过理解和肯定自己的情感细腻之处，珍视自己的生活方式，随之而来的将是柳暗花明的人际关系、家庭关系和工作关系。

细腻的人，具体是怎样的人呢?

美国著名心理学者伊莱恩·阿伦（Elaine Aron）博士曾提出HSP（Highly Sensitive Person）这一概念。

最近这个概念被引进日本，多译为“过于敏感的人或高敏感度的人”。HSP一词本身也作为专有名词开始被人们所接受。

在本书中与其称之为“高敏感度的人”，我更愿意将这些人称之为“细腻的人”。

这样的称呼，其实另有其义。我曾经也是一个 HSP。每当别人称我为过度敏感的人，总是令我不快。在我看来，我们并不是要将自己的细腻之处作为缺点加以克服，而是要将其作为优点加以发挥。因此从现在起，希望读者朋友可以和我一样，用“情感细腻”来形容他们（相反，心思不细腻的人，我们便称之为非细腻的人）。

希望通过本书可以向情感细腻的你传达，我在心理咨询过程中找到的如何与细腻的心思一起幸福生活的“技术”。你没有看错，是一门“技术”。

与细腻的心思一起生活的技术，通过发挥细腻的人天生的才能，让情感细腻的你幸福生活的技术。之所以称之为技术，是因为任何人加以练习都可以熟练掌握。

至今为止，不少医生、学者曾针对HSP的问题撰写书籍（我也曾拜读他们的著作并从中获益，此书中也有参考先人之见的部分）。本书将从不同的视点切入问题，提出不同的解决方案。这也是我对本书颇为满意的地方。

在本书中，我将以独有的视角，基于自身同为细腻的人的生活经验，总结作为心理咨询师在诸多细腻的人身上行之有效的方法。

同为细腻的人，我能够理解细腻的人的烦恼以及细微的心理变化。同时我曾在制造业工作，深知细腻的人所处的职场环境。

这本书中包含诸多专门为细腻的人解决问题的有效方法，是一本不可多得的实用书。

不过情感细腻程度因人而异，书中内容不一定完全符合你的状况。请根据自身情况选择愿意尝试的内容加以实践练习。

希望本书可以为情感细腻的你，创造多一点的安心感和对未来自由生活的期待。

目录

第 2 章　防止压力产生的简单的办法

第 3 章　轻松玩转人际关系的技术

第 4 章 游刃有余，舒适自在的工作技巧

第 5 章　细腻的人大展身手的技巧

第1章

放下心理负担的基本要素

你是细腻的人吗？

工作时，情绪不好的同事会引起你的过分关注。

与人长时间相处时，会感觉筋疲力尽。

过分关注细小的错误，导致工作进度迟缓。

你是否也曾遇到过以上情形？

即使你将烦恼向周边的人倾诉。他们也只会漠不关心地告诉你，“不要在意便是了”，又或是一脸不可思议的表情，对为何你会如此在意这些并不重要的细节疑惑不已。

但是，你会在意。

你会在意对方微小的动作或表情、对方周边的氛围、空调嗞嗞啦啦的声音以及工作的细节。

细腻的人，不仅可以感知他人感情及周边氛围的细微变化，甚至对光源或是声音的微小变化十分敏感。

细腻的人是敏感的，这是他们与生俱来的气质。但是长久以来他们一直遭到误解，总被认为是过分关注或过于较真儿的性格。

然而，伊莱恩·阿伦（Elaine Aron）博士的调查结果显示，每五个人中就有一人是天生细腻的人。细腻的情感并不是性格使然，也不是环境造就，而是与生俱来的人的气质。就如天生高个子的人一般，世界上同样存在生来细腻的人。

嗯，细腻的人善于感知周边细微的变化。如果你也拥有细腻的情感，那么这首先不是性格上的问题，只是你生来具有细腻的感官。

首先，我将向大家介绍伊莱恩·阿伦博士提出的关于这种气质的理论及相关研究成果。（如果你已经十分了解HSP的内容，请直接跳转下一部分。）

◇ 细腻的人的脑部神经容易对刺激产生反应

细腻的人与其他人究竟有何不同？当光源和声音发生变化

时，神经系统做出的反应是因人而异的。

根据伊莱恩·阿伦博士的研究，细腻的人与普通人相比，脑部神经系统略有不同。

哈佛大学著名心理学家杰罗姆·凯根（Jerome Kagan）曾提出，细腻的人，自孩童时期开始，就对反刺激容易产生反应。在实验中对两个孩子施加相同的刺激，其中情感细腻的孩子，会大幅度地晃动手脚，仿佛要逃走一般蜷起身体放声哭泣。情感细腻的孩子，明显对相同的刺激产生更加强烈的反应。当面对相同的压力时，情感细腻的孩子的脑部会释放出更多去甲肾上腺素，以及会导致人精神紧张戒备的皮质醇激素。

不仅是人类，老鼠、猫、狗、马以及猴子等哺乳动物也会对刺激产生不同的反应。不论哪一种动物，其中容易产生敏感反应的数量大致占到总数的15%~20%。创造出来的较为谨慎的个体，可以说是由于生物生存的需要。

比常人情感丰富、容易感知细微变化的人，在职场上容易有以下体验：

一次情绪不好的沟通会让他倍感紧张。

看不上别人的工作方法，总想对别人指指点点。

能够感受细微变化，是细腻的人与生俱来的能力。然而，普通人却无法发现这种能力的魅力，反而认为他们过于敏感或者总是抓小放大。在这种质疑声之中，细腻的人也往往会怀疑自己的行为，甚至会丧失自信。

其实细腻的人需要的具体解决方案，不是对方一句简单的“不要在意”，而是面对已经在意的事情应当如何处理。

◇ 对于细腻的人而言，细腻的情感是生存的必需品

用一句话来简单总结，细腻的人的特征，即感知力过于强大。

他们能够感知的物质十分丰富。从人的情感、环境中的氛围等人际关系的要素，到光源、声音、气温等环境客体的变化，不限于身外之物，自己的内在之物，包含所思、所想、所感以及身体情况的变化，都可以感知。

同为细腻的人，不同的人之间也会有不同的感受。有些人能够从初次见面的人的语言表达及声线高低感知一个人的好坏；有些人则听力敏感，对声音的变化更加敏锐，他们在咖啡店中会根据音箱的位置选择音乐声音较小的位置。

◇ 感知力的好处与坏处

下面的漫画，描绘的是细腻的人的一天。

图：某个细腻的人的一天

这位的女士感知力发挥了消极的作用，让她每天疲惫不堪。

其实，细腻的人也可以获得许多积极的感受。下一张图中描绘的是一位充满活力的细腻的人的一天。

图：充满朝气的一天

图中的女士利用自己的感知力，发现身边美好的事物，并用心体会。她从身边的事物和人身上获得力量，让身心感到富足。这便是细腻的人的感知力所带来的益处。

有些人已经对别人的微笑或些许的关照感到麻木，并不会产生欣喜的感情。

但是请不要忘记，你可以通过细腻的感知力获得喜悦，让自己的人生充满欢乐。

本书的目标即是帮助身为细腻的人的你，从痛苦之中脱离，变得愈发充满朝气。

◇ 细腻的人的心理结构

细腻的人的感觉与心理是怎样的呢？请看下图。

图：细腻的人的心理结构

细腻的感官如纤毛一般散发开来，感知着对方的情感，感受着声音、光源等各种事物的变化。

世间万物通过细腻的感官传达到人的身心，让人能够用心体会其中感受。

通过感受各式各样的事物，人们会产生感动以及温暖的情绪，从而产生深刻而强烈的情感。

感知愉悦或感受痛苦，均属于细腻的感官。

我们不可能只感受寒冷或只感受炎热。同理，细腻的感官也不可能只感受令人愉悦的事物。有苦必有甜。感官总是半自动式地加以感知，并不做好与坏的区分。

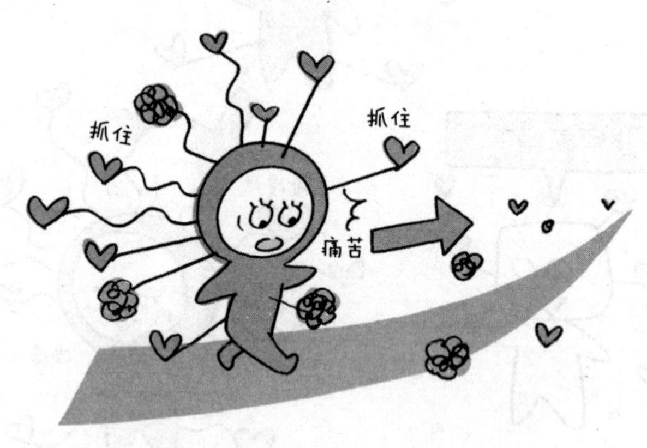

细腻的人还捕捉到了“痛苦”

“如果是这样，我们不是应该痛苦和快乐各感知一半吗？但是为什么我却总是感知他人的焦虑，以及吵闹的声音，这些令人痛苦的事物总是让我觉得筋疲力尽。”

也许有人会有这种想法。

痛苦、疲劳等负面感受对生物来说是识别危险的重要信号。同时感到痛苦和舒适的时候，为了避免危险，意识更容易集中于痛苦。

请想象你在森林之中漫步。即使脚下花朵盛开，如果身体被周边尖锐的树枝刺痛，那么，你也无法集中精力欣赏花朵的美丽。换言之，当人处于痛苦或压力的状态之时，很难感知到周边积极的事物。

因此为了做到从周边吸收积极的情绪，充满朝气地生活，每个人都应当走自己选择的道路。以现实生活来讲，工作单位、一起共度周末的朋友、生活的房间等外部环境应该由自己来决定。

图：对细腻的人来说，选择自己的道路是十分重要的事情

对于细腻的人而言，最重要的并不是将自己改变成能够忍耐痛苦或压力的人，也不是装作满不在乎。

而是应当将细腻的感官作为行动的指南，区别自己的好恶，选择适合自己的人际关系及工作环境。

其中关键之处在于，要充分遵从自己的内心，选择自己喜爱或想要的事情。

◇ 细腻情感的小测试

下面是阿伦博士开发的HSP自测题，能够帮助检验你是否是细腻的人。

请根据自己的第一感觉，选择以下问题的答案。只要你认为选项与实际情况稍有符合，请选择“是”。完全不符合或基本不符合的情况下，请选择“否”。

· 你是在意周边环境微妙变化的人。

· 你会被他人的情绪影响。

· 你对疼痛非常敏感。

· 当生活繁忙时，你愿意通过在床上躺着或在黑暗的房间里待着的形式来获得隐私感，想要从充满刺激的地方逃离。

· 你对咖啡因反应敏感。

· 你容易对强烈的光、刺激的气味、粗糙的布料、警报的声音产生恐惧。

· 你拥有丰富的想象力，容易陷进一个人的空想之中。

· 你对噪音十分反感。

· 美术、音乐可以让你感动不已。

· 你是一个正直的人，且具有良心。

· 你容易大吃一惊。

· 当需要在极短的时间内做多项事情时，你容易陷入混乱。

· 当他人产生不快的情绪时，你能够迅速发现帮助他的方法。（例如调节灯光的明暗、调换座位等小事。）

· 你不希望他人一次给你过多的任务。

· 你会一直要求自己不要犯错或丢三落四。

· 你尽量避免观看暴力血腥的电影或电视节目。

· 当你的周边发生许多事情时，你会不高兴或精神紧张。

· 当你饥饿时，容易产生无法集中或心情变糟等强烈的反应。

· 生活发生变化时，你会产生混乱。

· 你喜欢精致细腻的味道、声音、音乐等。

· 在生活中，你将避免变化的状况作为首要条件。

· 工作中，如果处于竞争关系或他人的视线之下，你会紧张并无法发挥真正的实力。

· 小时候，父母或老师曾认为自己是敏感、内向的孩子。

以上问题中，如果你的答案有12个以上为“是”，那么你很可能就是HSP高敏感的人。不过任何心理测试，放在实际生活中与经历相比，都有可能产生偏差。即使本套测试题中，你只有一个或两个回答了“是”，但如果你的程度非常极端的话，那么你也有可能属于HSP细腻的人。

［试题来源：讲谈社《写给因生活琐事而心生不安的你》（书名为译者译）］

为何与人相处会使人感到疲惫？

前文叙述了细腻的人的特征。下面，我将向你讲述细腻的人的烦恼的具体表现。

提到最多的表现是“疲于与人相处”。

下面故事的主人公是在制造业从事行政工作的公司职员小N（二十余岁，女）。根据她的叙述，虽然公司的同事及上司都很亲切，但是自己在办公室之中仍会感到十分疲惫。

办公室之中，上司指点后辈工作，或旁边对着电脑就座的前辈，总会让她莫名地紧张不已。

“我也不是想看，而是不自觉地会看到。早上到单位之后，办公室的氛围就让我十分在意。比如，大家看起来好累，前辈今天看上去心情不好。更有甚者。如果别人的情绪不好，我甚至会思考哪个时机与他说话较好。不知不觉之中，我也变得十分疲惫。”

小N就是这样一个人，即使她没有有意识地感知，却能够下意识地感受到同事的情绪及周边的氛围。她更喜欢与人一对一地促膝长谈，对同事一起热闹的聚会表示反感。

因为她总是会在聚会上过度关注别人的感受。当别人的盘子里没有食物时，她会为他夹菜。当有人融不进聚会时，她会与人聊天。即使面对自己不感兴趣的话题，她也会表现出夸张的反应。为此，整个聚会过程中，她一直处于神经紧张的状态。

她表面上装作乐享其中的样子，内心却盼望着聚会早早结束。当她一个人前往洗手间时，会如释重负。

但是细腻的人绝不是厌恶与人相处，他们与交心的朋友可以长谈，珍爱自己的家人，生来是喜欢与人相处的。

他们的内心盼望与人共同度过轻松快乐的时光，希望和别人成为关系要好的朋友，然而，当他们长时间与他人共处一室时，会感到身心疲惫，产生想要从人群逃离的想法。

每个人都有最适合的刺激程度

每一位细腻的人，总是会有一个共同的烦恼——与他人相处会感到疲累。其实这与他们的神经系统有密切的联系。当细腻的人处于需要大量交流的场合，如聚会时，他们的大脑会在如下想法中紧张地旋转：

· 现场的气氛如何，是死气沉沉还是活泼明朗？

· 说话的声音在房间之中是否有回响？是否具有穿透力？

· 哪些人是乐在其中，哪些人是“被迫营业”？

· 每个人的盘子中是否都分到了适当的餐食？

· 空调微小的声音怎么如此明显？

细腻的人的神经系统对如上微小的细节会有敏感的反应。不论是能够清晰感知到的事情，还是模糊感知到的事情，他们比非细腻的人感知的东西多了许多，因此总会产生更多的疲累感。

与他人长时间相处会感到疲累，只是由于他们的大脑构造与普通人不同。他们的感知力强于普通人，受到的刺激量大大超过自身大脑的承受量。每个人都有最适合的刺激程度，对普通人而言毫无感觉的刺激，对细腻的人而言则会让他们感觉如坐针毡，倍感煎熬。

人类社会是信息的社会，人的表情、动作、声音的高低，谈话的内容，都是信息的组成部分。不论与如何亲近的人在一起，如关系要好的伙伴或朋友等，都会有刺激大于承受力的时候。更不用说，需要费心顾虑的场合以及与脾性不合的人在一起时，大脑会受到过多刺激，产生过多思维，倍感紧张。

对于细腻的人来说，独处的时光是必要的。

在独自一人的时光之中，他们可以静心休养，将感知到的刺激，放逐到时间和空间中，从而获得内心的安宁和活力。只有在充分放松之后获得接受新刺激的空间，才能再次产生想要与人相处的想法，产生想要与人侃侃而谈的欲望。

我是不是过于细致？

“工作是要求效率和速度的，但是无论怎样我都达不到要求。”

提出这个烦恼的是二十余岁的A子小姐。A子小姐在法式餐厅做兼职。

A子小姐很喜欢自己的工作。客人总是称赞她的笑容可亲可爱，她的待人接物十分有礼貌，这让她感到高兴，在与客人的相处之中，她感受到了工作价值，但是她十分在意同事的工作状态。

“每次我看到同事摆餐具的时候，我都会十分担心。他们会把杯子放在顾客的手肘附近，我会担心顾客不小心碰到杯子打翻水。一想到后面的事情，我就会觉得他们如果能再往右边放一点就好了。真不知道为什么工作就不能做得再细致一点呢？真是不得其解。”

每一次摆放餐具时，A子都会考虑顾客的使用方式及安全性，因此和随意摆放餐具的同事相比，她的工作效率总是显得比较慢，这让她感到十分焦虑。

A子表示，每当她和前辈聊到这个话题，前辈都告诉她“干得这么细致，工作是做不完的”“根本不用想那么多”。但是无论怎样，她都无法像同事一样随意地摆放餐具。她很疑惑，自己是不是“完美主义者”？

◇ 细腻的人≠完美主义者

我们经常能够见到像A子一样，不能接受“不经大脑”的工作方式的人。

实际上，细腻的人并不会在任何事情上都“追求完美”或“过度关注细节”。

他们只是将别人忽略的一些细节，如谈话的气氛、手部和身体的动作、椅子的位置等信息串联起来，在脑中自动推演客人说话的场景，并且得出一个结论，即使杯子摆放的位置从现在来看是没有问题的，但是当客人聊得忘乎所以时，他的手肘很可能会碰到杯子。这样的一系列推演，是在他们的大脑中自动完成的。

对于细腻的人来说，对未来的思考是一种习惯。而非细腻的人的看似“粗糙”的工作方法，在他们看来，就仿佛是一个人在充满陷阱的大草原上，不顾一切地全力奔跑一样，到处都是危险。

因为细腻的人善于感知，因此对未来可能发生的风险非常敏感。因为有所感知，就会有所应对。而旁人由于无法获得细致的信息，也就无法像细腻的人一样感知可能存在的风险，从而误认为他们是“过于细腻”“过分在意”的完美主义者。

道理十分简单。虽然细腻的人比周遭的人更容易感受细节，但是他们并没有想要将万事做到完美无缺，只是因为感知，所以有所行动而已。这与完美主义者的思维出发点，从根本上不同。

◇ 思虑过多而无法行动，
是因为他对最佳方案心知肚明。

同理，我们也经常能够听到另一种声音，那就是“思虑过多，无法付诸行动”。

这种情况，细腻的人往往已经察觉到何为最佳方案，因此才无法采取行动。

细腻的人擅长在脑中预演未来的场景。在不知不觉的预演过程中，他们往往能够自然而然地找到最佳方案。

如果找到了最佳方案，任何人都会想付诸实践。

然而，一般来讲，最佳方案往往蕴藏着复杂的步骤。

从下面的漫画中，你可以看到感性细腻的人和非细腻的人在制作会议资料时不同的工作方法。

图：细腻的人正在制作会议资料

经过清晰的思考再进行工作，也许会产生良好的工作效果，但是，有时“少想多做”能让工作更有效率。

如果是非细腻之人，会怎么做呢？

图：非细腻之人正在制作会议资料

像这样，“不多想先多做”有时可能会让工作量有些许增加，但是省去思考的时间，反而会使工作效率得到提升。

◇ 神奇的语言：“就先这样”

“思虑过多，无法行动。”“为了追求完美，无法行动。”如果你有这样的倾向，不妨尝试这一句魔法一般的语言：“就先这样。”它能够帮助你提高工作和生活的效率。

“在制作会议资料时，先确定会议主题，再向对方提出数据的需求，当然是最好的办法。但是，尝试一下，先让对方给自己看一看数据。”

“先完成那一项工作，再做这项工作才是正确的工作顺序，但是那项工作现在无法展开，就先从这项工作开始吧。”

提出你也许会有“应该先做那件事就好了” 的混乱。经过多次尝试之后，你就会逐渐发现，即使不是最佳工作方案，但是一直向前推进工作的感觉也是不错的。

仅是这样一句话就会有如此惊人的效果吗？回答是肯定的。

一句简单的话语不仅可以提升工作效率，而且会减少思考产生的疲劳感，使人的身心得到放松。

因此如果下一次你又陷入了过度思虑无法行动的漩涡之中，请记住这句神奇的话语：“不要最佳方案，要工作进度，就先这样做吧。”

被别人的目光左右

在工作时，过度在意同事的心情。

她的上司虽然工作能力很强，但是情绪波动较大，阴晴不定。有时甚至会因为早上上班的一句寒暄而生气。他有时会用苛刻的语言批评其他部门的工作失误，还会用力地敲击键盘。

“每当上司心情不佳，B女士就会非常在意。她会在意和上司说话的时机，注意尽量保持安静，不打扰上司。虽然并不是她惹得上司不快。”

B女士为了让自己不注意上司的心情，会故意将自己的意识集中在电脑屏幕上，这种方法十分费神。

周边有人在愤怒地叫喊，虽然这声音不是冲自己而来，细腻的人却会因为声音的音量而紧张不已。当自己的同事被领导用苛刻的语言批评时，自己也会感同身受。在同一个房间中，当别人被批评时，批评的声音会自然而然地进入耳朵。

细腻的人，总会如此在意周遭的情况。

◇ 细腻的人可以自然而然地感知对方的情感

“察觉对方的情绪”而“被情绪左右”的烦恼是许多细腻的人都拥有的。下面，我们就来解决这个问题。

对于细腻的人来说，察觉别人的情绪，就如看到桌子上的水杯一样简单。

“根本不用在乎”这句话对他们而言，就好像在说：“水杯这种东西根本不用看，为什么要看它呢？”明明存在的东西却被告知要视若无睹，这使细腻的人无所适从。

对于细腻的人来说，他们并不是有意在意周边的环境，只是即使不过分在意周遭的环境，也会进入他们的视野范围；即使不想听，也会自然而然地听到周边的声音。

图：难以做到对杯子视若无睹

就如不能将水杯从视野范围内消除一般，细腻的人不可能察觉不到对方的情绪。这种状态不是装出来的，而是指真正地察觉不到。

然而，非细腻的人往往神经线条比较粗。他们要么感受不到，要么即使感受到也不入心。

将“不要在意”挂在嘴边的人，本意并不是恶意，只是单纯地感官迟钝，无法理解细腻的人的感受。

身为细腻的人，不要强迫自己改变感官和感受，而应该着力改变对应感官与感受的方法。（具体操作方法将在第3章和第4章中详细叙述。）

◇ 为何会优先别人的事情?

“不知不觉地优先别人的事情，委屈自己的需求。”

这也是由于过度关注别人的情绪和情况造成的结果。

和朋友见面，下意识地成为倾听者，难以和对方聊自己的事情。

乘坐电车时，即使自己身体不适，稍作休息，但是看到有需要的人上车时，便会立即将座位让给对方。

看到同事由于工作陷入困境，伸出援手，反而让自己的工作堆积如山。

我见过不少像这样将别人的事情放在第一位的情感细腻的人。究其原因，其实和之前讲述的内容是完全相同的。

细腻的人可以轻松地感知别人细小的动作和微妙的语言，

甚至是微小的声音变化，从而推测对方的需求。由于别人的愿望可能是一个又一个容易实现的小愿望，比如“希望别人听自己说话”“希望坐下休息一下”，细腻的人会认为“小事无妨”而尽量满足对方。

然而，与非细腻的人相比，细腻的人感知到的讯息要多许多。由于讯息多需求多，自己的需求就被不断地后置。

身为细腻的人，掌握生活乐趣的关键，是重视与珍惜自己“想要”的心情，积极地面对“稍有任性”的自我需求。

下面的案例，这是“将别人摆在第一位”的另一种表现形式。

◇ 被误认为“没有主见”“立不住”

公司员工C先生表示，当上司问他“你怎么想”时，他总会脑中一片空白，无法表达自己的意见。

这样的人我也见过不少，他们通常会说：“我没有主意。”

但是，他们当真没有主意吗?

其实，并不然。

在多数情况下，“没有主见”是一种错觉。细腻的人往往只是“想要回应对方的需求而隐藏自己的意见”。

其实，C先生在面对关系亲密的朋友或家人时，可以非常自然地产生如“这好像不对”“这样做比较好”等意见。虽然不一定将自己的意见完全表达出来，但是意见是明确存在的。

然而，当面对上司或关系不甚亲密的人提出“你怎么看”的问题时，他会立即察觉到对方希望求得自己的认同，从而产生“他想要的答案应该不是如此，抑或是，他应该只想听要点”等想法，自然而然地想要正确地回应对方的需求。

细腻的人总是能从对方的语气和语言的强弱中读取对方的需求。

甚至他会从上次与别人的对话中，观察对方的日常行为，发现对方的特点，比如“某人听汇报只希望听到要点”“某人只要别人一次无法准确表达就会面露不快”等。

细腻的人即使有各种各样的想法，如“应该如此这般”、抑或是“当遇到这样的情形时，应该选择A方案，如果情况变化就应该选择B方案”等。但是，面对领导不同的风格，而且要在极短的时间内给予反馈，此时细腻的人就会变得大脑空白，无法言表。

打个比方来讲，这就好像从充满玩具（玩具=主意）的扭蛋机里强行将某个装有正确答案的扭蛋球拿出来。为了把正确答案的扭蛋球拿出来，周边的扭蛋球都会挤在一起，最终所有的扭蛋球都挤在扭蛋机的出口处，一个都出不来。这就好像意见无法表达出来一样，终究被误认为没有主见。

如果你也认为自己没有主见，那么就请到一个令你身心放松的地方，将自己脑海中浮现出的思考，一个一个地写在纸上。

也可以找家人或者朋友倾诉，向他们说出对于上司提出的问题的答案。

图：强行寻求正确答案的结果

首先我们要意识到，每个人都有自己的想法。然后逐渐放松对自己的标准，“不一定要100%正确回应对方的要求，尝试将自己的意见表达出来”，进而逐步向对方展现自己的思想。

细腻的人也可以活出真我

前文中我已经向大家介绍了细腻的人的定义以及具体的案例，现在您是否对细腻的人有所了解？

所谓的细腻的人的弱点，其实究根结底是在于他们强大的感察能力。

如果您能够理解到这一层，那已经进了一大步。

虽然在前文中我们介绍了细腻的人的诸多烦恼，但其实，这些烦恼之中都有共通之处。

不论是对方的情绪，还是工作方法的改进问题，细腻的人都会“将察觉到的信息半自动地给予回应，为此烦恼不堪”。

反向思维思考一下，为了让细腻的人可以活出真我，最重要的就是断绝这种自动应答的思维模式。当察觉到周边的信息时，先停下脚步问自己几个问题："我想要达到什么目的？我是否要回应我得到的信息？如果回应我采用什么方法？"其中的每一步都需要做出"选择"。

通过心理咨询，我可以感受到细腻的人都非常善良。他们能够通过自己强大而细腻的感知能力，感受周遭人的情绪、现场的气氛、世界的状态等。因为感知，所以自然而然地为对方着想，自觉地维护社会的规则。

然而，正是由于强大的感知能力，他们会受到周边人的需求以及世人的要求的影响。他们会由于对方"希望您听我讲话"的需求而变身成为倾听者，也会由于父母希望儿女有一技之长的愿望，一辈子追求自己的"一技之长"。

"我希望成为艺术家，自由地生活。但是父母希望我找到一份安稳的工作，因此我会听从他们的意见，实现他们的要求。"像这样，能够清晰地将自己的主见与对方的需求分开认知的情况算是好的，甚至有些细腻的人，不经意之间，将父母的想法认定是自己的想法，一开始就无法提出"稳定的工作"以外的其他选项。

容易被他人左右的人，如果想要活出真正的自我，首先应该做到的是：倾听自己内心的声音。

◇ 重视自己的需求，人生会发生翻天覆地的变化

感知自己的需求，并加以珍惜和重视，细腻的人的烦恼会逐渐减少，肉眼可见地变得愈发充满活力。

这个结论不是胡乱下的，而是在心理咨询的过程中得到的。我经历了六百余位细腻的人的心理咨询，也亲眼见证了他们的蜕变。

有一位细腻的人，数月前认为“和人在一起一点也不快乐”，数月后居然说出了“人间自有温暖”，并成功地获得了良友和恋人。一位女士，在职场上总会被脾气暴躁的人困扰，每天下班都希望火速回家，后来也能够在办公室心平气和地工作了。

这些男男女女的细腻的人，都经历了同一个变化，“即使和别人在一起，也能够保持自我”。他们勇敢地展现真正的自己，从而迎来了从容的人生。

现在你在意的事情，也许有一天会变得不值一提。

曾经倒霉的自己，也变得不再触霉头。受到打击以为自己十日无欢，结果却半天就活蹦乱跳。

细腻的人，只要珍惜自己与生俱来的细腻的感知能力和情绪，便能迎来新的生活。

下一章，我将就“到底应该如何做才能得到真正的转变”这一问题具体向大家说明。让我们一起付诸实践。

案例专栏——细腻的人的故事1

不要试图改变自己，要寻找适合自己的生活方式

某天，二十多岁的Y先生来找我商量。

他在银行窗口工作，非常容易感知人的情绪，每当对方将要生气时，他会立即感受到“糟糕，这人就要生气了”。每当他感受到周边负面的情绪时身体会变得十分紧张，每当上司对他言语批评时，他总会失落消沉多日。他无法像同事“过眼云烟”一般快速地翻页，在很长一段时间内，一直在思考“自己真无能”“如何才能改变”等问题。

Y先生的生活发生转变，是一次偶然的机会。

某一日，Y先生得知了自己有细腻的性格特点。从那时起，他便逐步接受原本的自己。

据他自己描述，在原本“真不愿总是感知周边的细节，变得如此敏感”的抱怨中，出现了“我生来如此”等肯定的言语，从“迎合他人塑造自己”变为了“寻找适合自己的生活”。

心理咨询可以帮助我们了解自己的长处和短板。通过心理咨询，Y先生了解了自己并不适合现在的工作。为了发挥自己的长处，他再三思索，决定离职。最后，他选择了自己一直喜爱的设计工作，并为此再次回到学校学习专业知识。

通过这次决策的过程，Y先生发现自己在忍耐和踌躇中得到了答案，这实在是不容易的事情，他再次提升了对自己能力的认知。

不要试图改变自己，要寻找适合自己的生活方式。这对于每一位细腻的人来说都是需要迈出的第一步。只要迈出这一步，世界就会发生改变。

Y先生说：“现在的我，不仅是工作方面，不论任何事情，只要想到自己已经能够活出真我，就能从自身找到巨大的安心感。”

第2章

防止压力产生的简单的办法

让自己远离“刺激”

细腻的人总会由于别人的情绪、微小的声音、微弱的光线等细枝末节的信息而倍感疲惫。与此同时，他们也同样容易感知自己身体状态的变化，发现自己的疲累。

在本章节中，我将传授大家如何远离“刺激”。

“你刚才不是还说，我们不可能将感官变得迟钝吗？”

这个论断依旧没有变化。

但是，通过改变周围的物品及环境，能够帮助我们有效减少压力的形成。

在第1章的末尾，我曾向大家表达过，细腻的人想要活出真我的必经之路，就是重视自己的需求。然而，对于细腻的人来说，他们可以自然地察觉人的情绪、职场的氛围、电话的声音等细枝末节的信息，因此他们一直处于“强噪音”状态，难以把握自己的心声。

为了能够找到真我，减少“噪音”引起的刺激也是必要的。

这时，最关键的方法，不是让我们的感觉变得迟钝，又或是关闭我们的心灵，而是应当从物理上隔绝刺激。

◇ 方法1　不要从心理上隔绝，而是从物理上隔绝。

你是否也有过相同的经历？

“工作压力让我十分痛苦，为了能够不感觉到这些负面情绪，我经常麻醉自己。”

“别人的情绪对我来讲是一种负担，因此在集体中活动时，我经常会关选择关闭心门，不与人敞开心扉交流。”

其实，在咨询中我也经常能够听到类似的故事。

但是，我想要告诉大家的是，这样的方法是绝对行不通的，它反而会使你更加烦闷。

当面对不擅长的人，或者身处不喜欢的场合，我们需要暂时抑制自己的感受。但是，感受快乐和感受痛苦一样，都是感受的一种。我们强制自己不去感知痛苦，同样也会使自己无法感受生活的快乐。

当我们长时间处于这种状态中时，我们将失去对幸福的认知。不知自己到底想要做什么，不知世间何为快乐。

因此即使是短暂的事件，也不要放弃感知能力，而是要从物理上隔断容易“刺激”我们产生压力的事物。为了能够保持我们的感知能力，应当尽力避开容易产生巨大压力的场合，与人保持合理的距离。

◇ 方法2　选择五感中最敏锐的感官进行训练

第2个方法是将我们的五感分别进行训练，先选择视觉、听觉、嗅觉、触觉、味觉中最敏锐的一种感官进行训练，效果更加明显。

在心理咨询过程中，我提出问题，“请问，在判断对方的情绪和现场的氛围时，您最主要依据五感中的哪一种感官？”有一些人回答用眼睛观察，有一些人则回答用耳朵听声辨意。

每个人的五感都不相同，最敏锐的感官也不相同。可以尝试从自己认为较为敏锐的感官开始训练。

为了减少刺激带来的精神损伤，一方面我们要防止过度的刺激，以免产生疲劳，另外一方面则是要在疲劳产生时给予适当的治疗。

下面我将具体为大家介绍五感的训练法。

预防刺激的五感训练法

下面介绍的这几种方法是切实有效的，有一些是实践过的方法，有一些是从别人处直接讨来的方法。

请看下面图片。

我尝试将下面介绍的方法画在图片中。如图所示，这些都是只要略微调整就能够轻松做到的简单方法。

下面我将分别从五个感官的角度进行详细的介绍，请选择其中你认为可以做到的项目开始实践。

视觉

· 降低眼镜或隐形眼镜的度数。

· 戴墨镜。

· 戴平光镜。

· 戴边框粗的眼镜，为自己划定可视范围。

视觉带来的疲劳程度是因人而异的，有些人长时间身处人群之中会产生疲劳，有些人会因为超市中铺天盖地的货品和价签产生疲劳，即使是同一个人，也会因为状况不同，视觉产生的疲劳程度也不同。

对于那些偏爱从眼睛获取信息，容易过度关注和自己无关的视觉信息的人来说，将可视范围尽可能地缩小是最基本的方法。

细腻的人，总是喜欢将看到的东西全部作为信息进行处理。这时就会在不知不觉间获取过多与自己无关的信息。

我也曾经对自己十分吃惊。当我一个人走在大街上时，会记住擦肩而过的人的表情、衣服的颜色，还会观察情侣在走路时哪一方在右侧行走。明明是擦肩而过的人，不需要记住如此多的信息，然而我却不自觉地将这些信息装进了大脑。

当看到这些信息时，我会开始进行联想，控制不住自己。“刚才那人走得好急呀，他的耳机都从书包里露出来了。说到耳机，刚才经过的那人，还有刚才走在前面的人，他们的耳机好像都是白色的。果然现在的厂家都偏爱白色呀。”如此大脑一直处于运转中，得不到一刻的休息。

为了不发生这一连串的联想，控制自己的可视范围，就可以有效地减轻压力。

当我们外出购物时，可以准备看近和看远的两副眼镜。走路时戴上度数较低的眼镜，进入商店后，则可以戴上度数较高的眼镜。在不同的场合，配合自己需要看的信息，换上度数不同的眼镜。

有一些细腻的人曾向我反馈：“我的视力没有问题，为了控制自己的视野范围，在工作时我会戴上平光眼镜，透过透明的镜片看世界会使人觉得轻松不少。”

这种控制最小可视范围的方法，不仅对细腻的人有效，而且对“工作时过度关注办公室的出入情况，而无法集中电脑办公的人”以及“上课时过分关注周边人的样子的学生”等容易关注周遭环境而无法集中精力的人均有效果。

对于视觉能力强的细腻的人来说，眼镜是一样便利的工具。请你也尝试用这种方法，让自己只看到必要的事物吧。

听觉

· 选择有降噪功能的耳机。

· 戴上隔音耳塞。

· 用耳机听美妙的音乐。

“我很害怕去看电影，尤其是看恐怖电影。恐怖电影中突然发出的巨大声响，总会让我产生强烈的恐惧感。”

有些人对巨大的声音有强烈的反应。而另一些人则对微小的声音有强烈的反应。比如：当他们洗完澡躺在床上时，总能够听到浴室的换气扇的声音。

如果你也有类似的情况，那么请尝试贯彻以下几个小方法，比如避开有噪音的场所、关闭换气扇、将寝室中的电器全部搬出去等。

如果身处地铁等自己无法控制音量的场所，可以尝试戴上耳机或者隔音耳塞。市面上有各种类型、各样功能的隔音耳塞，结合自己的情况，选择适合自己的产品。

出门时在包里放一副隔音耳塞，当周边的声音使你烦恼时，可以拿出来戴上，这样可以有效减少压力的产生。地铁中、人群中，或是咖啡馆中隔壁桌聊得火热时，你都可以拿出备用的耳塞。

当长时间乘坐新干线、飞机等有持续噪音的交通工具时，降噪耳机则十分有效。列车驶入隧道时产生的巨大的轰鸣声、飞机飞行时引擎的声响等都能够得到有效降低，使长时间的旅途不再那么疲惫。

此外听觉能力敏感的人，尤其需要注意居住环境。由于我们无法抑制屋外发出的声音，因此在选择居所时应选择远离马路的房子，同时注意避开商店后门换气扇较近的房屋，尽可能地选择噪音少的地方。

触觉

· 减少皮肤的暴露。

· 选择亲肤材质的衣物。

· 选择颜色鲜亮的衣服，或佩戴护身符。

许多细腻的人都有敏感的触觉神经。“当我与不喜欢的人擦肩而过时，总会感觉像有电流从全身流过一般，起一身鸡皮疙瘩。”对于有这样烦恼的人，我们建议最基本的方法是，利用衣物保护自己的触觉。

触觉神经敏锐的人，通常通过触觉即可感知周边的人是否与自己合拍或是自己是否习惯身处的场合。且他们通常不喜穿得厚重来遮蔽皮肤，偏爱穿轻薄的衣服，露出皮肤。然而，过多地暴露皮肤，反而又会给他们带来多余的烦恼，起到反作用。因此，我建议可以穿着亲肤的开衫或披肩，保护皮肤的触感。

有一些细腻的人曾告诉我，如果不得不出入不喜欢的场合或见不喜爱的人时，为了将对方带给自己的负面影响反弹回去，可以尝试穿戴橘色或红色等色彩鲜艳的衣物，或是佩戴一些充当护身符的戒指、耳环等首饰，也可以达到保护自己的目的。

嗅觉

· 戴口罩。

· 涂抹香水、护手霜或发蜡，选择自己喜欢的味道。

· 佩戴熏香吊坠。

有一些细腻的人，嗅觉十分敏锐。他们无法忍受“人满为患的地铁中的气味”“大城市中空气的味道”。对于这种情况，推荐大家尝试将自己周边用喜爱的气味包围起来。现在，市面上也有内含芳香精油的吊坠可供选择购买使用。

味觉

· 避免有刺激性味道的食物。

我曾经听到过有人向我反馈，“每次吃快餐或者零食后，身体会觉得很疲累”“吃过添加物含量多的食物后，舌头会发麻”。

味道刺激的食物，自然添加了各种各样的添加剂，添加剂造成身体负担加重也是可以理解的现象。如果你也是这种细腻的人，请注意在购买食品时，尽可能参考成分表，选择刺激性小，添加剂少的食物。比如购买没有切开的蔬菜，自己做饭，选择自己身体适合的食物。

不同的超市也会有不同的经营理念，有一些超市的下酒菜虽然是在超市内加工处理的，但是要求不能添加过多的调味剂。如果你能够在自己的生活半径内，找到一个符合自己健康状况的超市，那么，每天的购物过程将变得十分轻松。有一些细腻的人甚至会有固定光顾的蔬菜店。

◇ 行乐也要休息

下面的这个小妙招，虽然和五感没有太大的关系，但是希望每一位细腻的人都尝试一下。

我经常可以听到如此的反馈。“一口气做完家务后，累得筋疲力尽。”“集中精力完成某项工作，虽然当时感觉很舒坦，但是后来却瘫倒着起不来了。”

不仅是面对工作或不合拍的集体，对于细腻的人来说，与朋友会面、集中精力制作手工作品等“快乐的活动”，也是一种刺激。不要将自己的生活填充得过于充实，要学会巧妙地安排休息，才是快乐生活的基础。

对于那些参加自己热衷的活动后筋疲力尽的细腻的人，我经常建议他们在活动之后休息一天。就像完成一项困难的工作后需要休息一样，受到正面刺激的活动之后也需要充分的休息。

何谓充分的休息？即不安排任何活动，给自己完整而空白的一天时间。

早起后观察自己的身体状况，如果觉得依旧困倦，可选择继续小睡一会儿；如果觉得精神不错，天气也佳，可以临时决定散步去喝咖啡。

和朋友相约、学习、和家人外出等约定总是会让人容易勉强自己。为了能够根据自己的身体状况调整约定，请一定尝试在日程中加入一天“什么约定都没有”的日子。

加速恢复的五感理疗法

预防之后重要的是恢复。下面我将向大家介绍，疲劳后如何快速恢复的方法。

当我们的感官受到过多的刺激时，最基本的方法便是将外部刺激尽可能地隔断。“关闭浴室换气扇、拉上遮光窗帘、佩戴眼罩和耳塞，安静地睡一觉。”即使觉得这种方法有些过头，但是彻底地防止刺激，可以有效地让我们尽快恢复。那么，请跟我一起，分别来学习五感的恢复方法。

视觉

· 关闭电器制品，降低房间的明度。

· 佩戴眼罩。

· 人工照明过于刺眼时，选择蜡烛代替。

· 盖上被子。

· 减少卧室内的物品。（躺在床上时，尽可能不要看到物品。）

· 塞堵空调电源键的光源。

不仅是疲劳的时候，当你感到高兴或想到新点子而兴奋不已时，可以尝试将房间的灯光调暗。便利店、超市等场所，昼夜灯火通明，你知道是为什么吗？因为人在灯光的照射下会变得兴奋，从而增加购买欲望。既然光会使人兴奋，那么我们就反其道而行之。想要放松的时候，请先尝试调暗周围的灯光。

如果是可调节电灯，可以将亮度调低一档。如果房间内有多个电灯，可尝试只开其中一个。当无法调整房间内电灯时，可尝试将厨房、卫生间或浴室的小灯打开，将房间内的所有灯光关闭。

亮度调低一档，便会让我们轻松不少。

当你一天之中与多人会面，或长时间听朋友倾诉时，一定会由于获得了过多的信息而十分疲惫，这时即使调暗电灯，也让你觉得十分刺眼。那么，就该请出家中的蜡烛了。可以点上你事先购买的时尚的蜡烛，也可以是十元商店里购买的蜡烛，一定要将它们放在随手可得的地方。

睡觉时可佩戴眼罩。现在，请你尝试一下：闭上眼睛，过一会儿再将手掌覆盖眼睛。你会惊奇地发现，即使闭上眼睛，光也可以穿透过眼皮让我们有所感知。佩戴眼罩可以有效地帮我们遮蔽光源，让我们在更加黑暗的条件下休息。如果没有眼罩，也可以使用手绢或毛巾将眼睛盖住。

如果你已经筋疲力尽，无论如何都只想躺平休息时，请不要犹豫，直接进入寝室，钻进被子，将被子盖到脑袋上。这时，一个黑暗又安静，且视野范围内没有任何物品的休息环境就形成了。

请注意，尽量不要在卧室放置过多的物品。

房间中物品的气息，有时会意外地令人在意。

这也是我自己的亲身经历。有一阵，搬家的准备工作和繁忙的工作安排重合在一起，我曾在大半夜时从床上惊醒，感叹屋里的东西太多了。那时，为了搬家，房间里堆放了许多纸箱。当一个人疲劳的时候，即使是物品也会让他觉得十分难受。

卧室内空调的 LED灯等小物品的照明也尽量避免。如果想要完全遮蔽灯光，可以剪下一小块纸箱，用胶带粘在灯光处，将灯光遮住。如果害怕伸手不见五指，可以选择用透明胶带将灯光处贴上。多贴几层后，光就变得十分昏暗模糊了。

听觉

- 在安静的地方休息。
- 佩戴高性能的隔音耳塞。
- 使用有降噪功能的耳机。
- 播放令人放松的音乐。
- 避免在卧室内放置电器。

当一个人劳累时，平日注意不到的声音，也会被放大。比如冰箱的声音、浴室换气扇的声音、空调送风的声音、楼上卫生间冲水的声音等。甚至，有一些人能够听到家门外自动贩卖机工作的声音。

听觉敏锐的人，如何快速恢复呢？我推荐的方法是在耳朵能够放松的环境中休息。在安静的地方，戴上有隔音效果的耳塞，播放例如海浪等自然的白噪音或令人放松的古典音乐。

在需要睡觉的时候，应尽量避免声音的产生。比如尽量避免在卧室内放置电器；如果无法忍受空调的声音可以考虑使用热水袋或电暖器；睡觉时关闭浴室的换气扇；带上耳塞等各种办法，彻底地隔绝声音。

不用担心自己关上换气扇的行为是否过头。实际上我自己也曾有过类似的经历，“对别人都不关注的声音十分敏感，将来我如何和别人住在一起生活呢？”这种心情甚至有时令我十分伤感。但是，只有彻底消除细微的声音，才能够让自己得到良好的休息，因此将自己的情况告诉对方，也一定能够得到理解。

不论如何，请尽量优先保证自己安心休息的需求。

触觉

· 选择舒适的材料包裹自己，如纱布毛巾被或松软的亲肤毛毯等。

· 选择令人放松的睡衣。

如果你也是触觉敏锐的人，那么推荐在家或自己的房间等可以令自己放松的地点，将自己包裹起来彻底休息。这种感觉可以想象为自己是一个小婴儿。像刚出生不久的婴儿被包巾紧紧裹住安心睡去一样，推荐你也选用舒适材料的毛巾被或超大披肩将自己包裹住。

纱布、亚麻、棉绉布、微纤维、丝绸、毛圈面料等，你可以选择任何适合自己的材料。甚至可以到百货商场的毛巾专卖区，通过触摸不同的毛巾，找到自己适合的材料。

睡衣也一定要从令自己放松的角度，选择适合的材料。

嗅觉

· 熏香。

· 去有令人放松的气味的地方。

说到香气，其实有各种各样的物品可以呈现。芳香加湿器、芳香蜡烛、线香、有香气的香皂或护发油，还有衣物柔软剂的淡淡的香味。

不必局限于精油的芳香，只要是可以令自己放松的气味，皆可。在这种气味之中休息恢复，可以提高恢复效率。比如，有一些人就喜欢焖煮萝卜、芜菁等蔬菜的香味。

推荐尝试使用自己喜欢气味的润肤露做足底按摩、做艾灸等，在身体护理的同时加入自己喜爱的香味。

味觉

· 选择简单的食物。

比起味道复杂的食物，味道清淡的食物可以更好地使我们的身体放松。

同时，有道菜还可以帮助我们温暖身体，它就是蒸蔬菜。胡萝卜、芜菁、青椒、蘑菇等食材任意选择。用硅胶蒸锅在微波炉中加热，制作方法十分简单。

仔细观察食物和心理状态的关系，你会发现：渴望吃甜食的时候，是希望向别人撒娇的时候；压力山大的时候会极度渴望吃零食等，食物是心灵的晴雨表。

“好想吃零食呀。啊，原来我累了。”将食物作为健康状态的表现，提前把握身体的变化，给予自己及时的关照。

当我想休息时可以休息吗？

在前文中，我向大家介绍了五感预防法和五感恢复法。

也许现在会有读者有疑问："虽然知道了方法，但是我应该如何把握方法的火候呢？"

其实，我也曾经有过这样的疑问。虽然在前文中我已向大家传达了劳累时应该使用的方法，但是，我也曾经疑惑，到底应该对一个人的敏感程度重视到什么地步？一直单纯地回应身体的需求，也许会使我们的抗压能力下降。

但是，经过实践和恢复相结合，随着越发重视心灵和自身的健康，我逐步找到了答案。我们不需要过度担心，完全可以积极地回应身体的需求。

关注身体感知的细微的压力，倾听身体发出的声音，及时加以关照，我发觉一直以来其实许多事都是勉强为之。当能够全面了解自我时，对自己的责备会减少许多，从而真正将时间和精力花费在自己想要完成的事情上。

如果你依旧疑惑，到底应该回应自己的需求到什么程度？可以像我一样，回想远古时代的生活。

在古时人类是生活在洞穴之中的，那时既没有电，也没有网络。夜晚到来，人工照明显得格外刺眼，对古时候的人类来说是自然的感受。光亮刺眼，使用蜡烛是理所应当的选择。当过多的信息让你焦虑不堪时，关上网络，让自己休息一下吧。

细腻的人的心灵和身体，都能够及时感知到自己的状态波动。累了便休息，休息好了便行动，这是生物最基本的生活状态。我们也要在状态的波动中，享受人生。

◇ 与家人共同生活时的休息策略

细腻的人，总是需要一个人独处的时间。和家人一同居住的细腻的人，经常会有同样的烦恼。“我本想一个人休息一会儿，然而一个人待在房间中，家人会担心我的情况。”“每当我一个人独处时，先生总会担心‘自己是否做错了什么’，很难一个人独处。”

每当这时建议你提前将大概的理由告知对方，然后再休息。“今天工作太忙，累坏了，我一个人在房间里休息一会儿，别担心。”告诉对方，自己独处只是由于疲劳，而不是由于对方，这样就可以创造一个人休息的时间了。

实际上，明确告知对方原因，相比为对方着想，其实更有利于自己休息。细腻的人总会关注别人的情绪，会时常担心自己的行为是否会让他人感受到不快。告知对方明确原因，也可以让细腻的人放心休息。

当家人能够理解你的状态，相信你能够在独处中恢复，他们便会安心。而你也不需要担心自己在房间中的时间是否过长，可以放心地休息。

◇ 疲劳来自努力

如果你有“为何这么快就累了呢？”“为什么不再多努力一下？”等责备自己的想法，这就说明，你需要休息了。

不要责备疲劳的自己，而应当关注疲劳的状态。

疲劳来自努力，只有努力才会产生疲劳。鼓励努力至今的自己，让身体和心灵充分地休息吧。

在适合自己的地方发挥能力

“我很在意周边的声音，希望在一个安静的地点工作。”

N的咨询活动，是从这样一句话开始的。N的工作是客户服务，公司响起的电话铃声，仿佛是在催促他“快点接电话”。

紧张的工作环境、客户的投诉、电话的声音，所有的事物都在刺激细腻的感官，使他一直保持在警觉的状态。久而久之，仿佛在沙漠中游泳，一般心灵和身体都十分沉重。

他希望在更安静的环境中，做自己擅长的事情。

除了工作环境的问题以外，N也开始反思工作。自己希望做什么工作？擅长做什么？

通过咨询活动，他找到了心中的答案，认为自己擅长倾听别人的故事并给予帮助。后来，他跳槽到学生就业支援业务相关的公司。现在的工作环境十分安静，电话的声音也可由自己操作设定，细腻的感官得到了呵护。

听觉灵敏的N，虽然会由于过多的噪音而产生压力，但在适当的场合中，听觉也会成为他的长项。在新的工作中，他更擅长发现他人的困扰。据他所说，当学生在集体活动时，虽然身处其他房间，但通过声音和活动氛围，他依旧可以感受到学生的状态。当有学生长时间不在座位时，他可以及时发现烦恼的学生并给予关注。

当时隔半年后，曾经不敢直接与自己打招呼的学生，称呼自己姓名时，当在工作中实践自己的工作方案时，他都能感受到成就感。

N开始在适合自己的环境中工作后，整个人都变得更有活力了。

“在工作的付出中收获了幸福感。身体仿佛变得透明一般清澈又轻松。”

第3章 轻松玩转人际关系的技术

对于细腻的人来说，最大的陷阱是？

本章中，我将向大家介绍细腻的人在处理人际关系时的诀窍。

细腻的人的感知力，在人际关系当中表现为以下几种形式：“容易察觉对方的情绪”“容易感知现场的氛围”。因为察觉，可以考虑到对方的情绪，并和对方产生共鸣，倾听对方的故事，然而，正因为感知，也会过分担心对方的感受而无法表达自己的意见。

但是，请放心。

通过了解细腻的人与非细腻的人的感知方式的不同，找到对自己而言没有负担的交流方式，人际关系将变得轻松而稳定。

下面，我将依次展开说明。

◇ 只要知道感官有所不同，心里就会轻松不少。

刚才，我提到与非细腻的人的不同。

虽然我话说得轻松，但实际上，大多数细腻的人都不曾想象过，自己与非细腻的人的感知方式从根本上有所不同。

没错，其实对于细腻的人来说，最大的陷阱是，无法理解对方的不明所以。

大多数细腻的人，即使了解自己与他人不同，情感细腻略微一些，然而对方与自己相比，同样的感觉到底有多么缺失，是根本无法认识到的。这也在常理范围内，感官这一事物本就是与生俱来的，确实没有人将其挂在嘴边向对方确认。

对于自己而言，理所应当的感受能力，对方却不曾拥有？

我希望细腻的人一定经常抱有这个疑问，只要经常这样思考看待世界的方式，将发生巨大改变。

细腻的人与非细腻的人的感官的差距，是远远超出想象的。

世界上任何人都有敏感之处，非细腻的人完全没有敏感的感受也是不可能的。然而，由于细腻的人拥有强大的感知能力，总会在“他也一定和我有一样的想法”的思维下与非细腻的人接触，产生误会，导致双方都没有过错却因此而受伤。

◇ 被父母说“你不懂”时，我的反应

非细腻的人到底有多么不能理解细腻的人的感受呢？下面的例子是我自己的亲身经历。

我的父母是很好的人，性格和善。但是，只要是人，都会有焦虑的时候。母亲焦躁不安时，感受到母亲情绪的我会变得焦虑。比如母亲在厨房准备晚饭时，即使我身处自己的房间，却能够比往日更清楚地听见菜刀碰触菜板的声音。

在一次家庭会议上，我曾向父母表达“我知道妈妈何时心情不佳，因此我讨厌那时的菜刀声”。

然而，两个人都表现出一脸不可思议的表情。“菜刀的声音会显得很响，是因为我们家房子是木质结构的吧。”

“不是的，和木质结构没关系。”

我们的对话简直驴唇不对马嘴。我尝试向他们表达，从小时候就能感受到母亲的情绪，从菜刀切菜的声音能够判断母亲的心情等事，然而，却只换来了父母一脸惊讶的表情。

为什么我们的对话根本进行不下去，那时的我，还不能理解。

是不是他们不想承认自己也有心情不佳的时候，将问题推脱给房子的木质结构？是不是我的表达方式有问题？前前后后思考了许多理由，但是似乎都不是答案。

我的父母，是当真无法理解我。

“原来如此，原来我的父母真的无法明白带有情绪的切菜声到底给我带来了多少痛苦。”

当我意识到这一事实时，已是多年之后。

我最珍爱的家人，却压根无法理解自己的感觉和心情，这对我而言，是一个巨大的打击。但是，当我明白他们真的无法理解时，忽然想起他们多次向我表达过“不明白”。

“我们无法理解你的想法。”

虽然他们曾多次向我表达不解，然而我却一直未能理解他们的想法，能认识到他们文字本身“无法理解”的含义，误以为他们只是不想花费力气理解我，认为自己的事情根本不可能不理解。

我理所应当的感觉，他们当真没有。如言如文，当真不理解。

接受这一现实，花费了我许多时间。最珍爱的家人无法理解自己的想法，是多么寂寞又悲伤的事情啊。

即使如此，随着时间的流逝，我逐步接受与他人差异的事实，与父母的关系以及与他人的交往中产生的烦恼减少了不少。

同时，我学会了与自我中细腻的情感交流，选择自己想去的地方，做自己想做的事。在这样的过程中，我交到了许多合拍的朋友，其中不仅包含能与我共情的情感细腻的朋友，甚至包括虽然感官迟钝，但相处起来令人快乐的工作伙伴。

现在，我已经了解，对一个人的理解不等于爱。“无法理解也可以爱”，这也是一种令人温暖的情感。

如果你也有对方无法理解自己的烦恼，那么他也很可能没有感知能力或极少有感知能力。

了解别人与自己的不同，花费时间一点一滴地接受对方。

这将成为一段平静、稳定的关系的开始。

越表达，越轻松

与理解自己的人在一起，可以倍感活力，自然而然地放松。那么如何才能够找到可以与自己共情的朋友呢？

为了解决这个问题，首先让我们来解决“人际关系的基本结构”这一问题。

人际关系的基本结构十分单纯，是由“表现出的自己”决定的。因为“表现出的自己”周边往往聚集着许多合拍的朋友。换句话说，抑制内心“真正的自我”，披上光鲜的“外壳”，那么“外壳”将吸引合拍的人。

举个例子来说。当一个性子慢的人，在工作时将自己伪装成麻利的工作能手时，他的周围就会出现许多认为“麻利的他真棒”的人。而细腻的人也会由于感知到，伪装出的工作麻利的表现得到了同事的表扬，而“散漫”的自己不是大家喜爱的对象，从而变得愈发麻利。愈发麻利的结果，便是有更多喜欢麻利的人聚集在他的身边。在这样的循环中，便形成了一种忽视真正的自我，以伪装的外壳为中心的人际关系。

这里提及的“麻利”也可以换成“优先别人的事情”“控制自己的任性”等行为。压制自己的真心，优先别人的事情，结果身边会越来越多地聚集喜爱“优先他人的你”的人，长此以往，你将成为人们眼中的老好人，丧失表达意见和想法的自信，丧失自我。

为了掩藏真正的自己，伪装了外壳，那么，你的周边只会聚集喜爱你的“外壳”的人。

◇ 人际关系大换血

那么，对于这样的基本构造而言，细腻的人应该怎么做呢？

最简单的办法就是将真正的自己展现给他人，这样一来，与自己真正合拍的人会逐步聚集在自己身边，人际关系将变得轻松。

一直以来将他人的事情优先的人，可以尝试表达自己的意见，或者将自己的喜怒哀乐见于形色。

这样一来，你的身边便会聚集许多新的朋友，他们喜欢真正的你，以及喜爱感情丰富的你。因为周边的人都是你喜爱的人，因此很难再产生厌烦的情绪，进而愈发擅长表达自己。

一直将别人优先，强压真正自我的人，一旦开始表达自己的意见，人际关系也会发生巨大变化。

喜怒见于行色，意见见于言语，时而果断地拒绝朋友的邀约。这样一来，那些喜欢“无法拒绝”“老好人”的人将离去，即那些喜欢你的“外壳”，而不是真正的你的人将离开。

人去楼空的感觉，一时间可能会让你感到寂寞。但是在活出真我的过程中，相信也一定能够找到真正喜欢你的人。

而且，离你而去的并不是所有人。朋友或家人，那些在以往的人际中，希望听到你真实想法的人，也就是尊重你个人意愿的人，将会留下来。

向世人展现真正的自我，彻底改变虚伪的人际关系，随着时间的推移，令人舒适的关系将不断增加。

如果你的身边没有许多真正与你合拍的人，那么请尝试拿出勇气表达自己。比如“回去路上，我想去那家店看看”或者，勇于拒绝对方的邀请“我今天有事不能去了”。

也许刚刚尝试如此行为的你，内心会有所动摇。“糟了，说出来了。”“拒绝真的好吗？”不过请放心，由于之前一直压制自己的内心，因此忽然间不能直接地表达自己或者产生动摇的感觉都是不习惯的表现，这些表现都在情理之中。表达自己就如学习骑自行车一般，需要反复地练习，随着不断实践，你将变得愈发娴熟，请一定循序渐进地尝试，不要放弃。

不被“缺乏思虑的人”牵制的方法

“如果是我，会更加注意表达方式。”

“为什么如此厚颜无耻地干涉别人的私生活呢？”

“我简直无法相信，世界上居然有随地乱扔垃圾的人。”

当看到周边的人时，你是不是也总有“他怎么会如此不考虑其他人”“怎么会做出这种事”的想法？

对于看到对方的表情，听到对方的语言，便可以感受到对方情绪的细腻的人来说，周边的人的行为，都是思虑不周的。

虽然说每个人的价值观与思维方式各不相同，但是细腻的人的感官从根本与别人不同，而这种感官是价值观与思维方式形成的基础。

从对方的表情和语言的微妙变化中，能获得怎样的讯息？以及从对方的样子中，是否能想象对方的生活状况？

如果能够理解每个人“为他人考虑的能力”各有差别，那么也便能够理解细腻的人被误会的理由了。

◇ 不为他人考虑≠坏心肠

F先生在贸易公司工作。他常年出差，每当到达一个新的地方，都喜欢与当地人一起共享美食，看看当地的直营商店。

F先生为人敦厚老实，然而忽然有一天却十分生气：“那个人，怎么可以这样做？”原来新客户的负责人A先生，不考虑F先生的时间，擅自制定了出差的行程。当A先生知道F先生的航班情况后，便将会议安排得满满当当，导致F先生没有一点时间在当地随意转转。

“为什么他完全不考虑别人的想法呢？如果是我的话一定会问对方，‘您要不要在当地转一转？’”

听到F先生的描述，我点了点头。负责人A先生其实并没有恶意，只是按照获得的信息采取了行动。问了F先生“您几点到达？”之后，就按照到达时间安排了会议。然后赶在F先生飞机起飞前，结束会议。完全只是按照语言获得的信息行事。

细腻的人之间说话时，总是会有许多言语之外的信息包含在对话之中。微妙的语言变化、表情、声音的高低，甚至是过去曾经发生过的对话，都会成为他们判断对方状况的参考。然而，世间的人，形形色色。有许多人并不能读懂对方语言中的微妙变化，以及表情的微调和声音的高低带来的讯息，只能按照对话当时发生的言语采取行动。

细腻的人，总是自然而然地考虑对方的感受。正因为他们的考虑出于自然，不需要多加思索，因此在面对不会为对方考虑的人时，会格外生气，用自己的标准来衡量对方，甚至会怀疑自己，“要是我的话，绝不会那样做。难道我被讨厌了吗？”被对方的行为，左右情绪。

然而纵观世间，像细腻的人一样，自然而然为他人考虑的行为，属于高情商的行为。因此，对那些不擅长为他人考虑的人来说，埋怨他们“不为别人考虑，真是太过分了”，属实有些强人所难。

“为什么可以如此不为他人考虑呢？”

“为什么要这么做呢？”

如果你有这种想法时，在思考“为什么”之前，请先观察对方是否有为别人考虑的能力。

“原来如此，原来他不擅长为别人考虑。”

“原来他根本感受不到我的状况。”

如果你能认识到这一点，那么你将减少因对方行为带来的烦恼。

言归正传。

F先生仔细观察后明白，原来A先生对任何人都只会按照言语的信息来行事。虽然他不会为对方考虑，也不会为你做你未曾说出口的事情，但是只要清楚地将需要做的事情拜托给他，A先生依旧能够很好地完成。随着了解的深入，F先生意外发现，其实A先生是一个不错的人。自此，F先生不再期待A先生察觉自己的想法，而是直接地表达想要拜托对方做的事情，两人的关系变得明朗了。

“厌恶”是重要的警报，成为会“讨厌”别人的人

“你是否有觉得讨厌某人的时候？”

关于人际关系的咨询，我有时会提出这样的问题。因为有许多苦于人际关系的人，正是由于不会讨厌别人而烦恼。

U女士在公司上班，性格文静。与学生时代的好友，依旧保持着联络，然而却有时因为对方突然取消约会，或贬低自己的兴趣爱好而苦恼不已。

U女士小声说着：“我的其他朋友曾建议我‘应该更有脾气一点’，然而我却不知道，我到底是否应该生气。”

其实有不少细腻的人都将厌恶这一情绪封闭在自己的情

感中。他们认同俗话“和气生财”，认为“自己不应该讨厌别人”，以及“厌恶别人的自己很丑恶”。

也许你也认为，不厌恶任何人生活下去一定是一种幸福。然而事实果真如此吗?

事实上，厌恶是生活的重要警报。“厌恶”代表你对这个人的感知，你认为这个人“可能对自己不利，有不好的预感”。如果你封闭自己厌恶的情感，那么你将无法自主控制与对方的距离，因为“感觉不太喜欢，不想扯上关系”的思维已经被抛弃了。结果导致，自己和不合拍的人越来越近。

抑制厌恶的情绪后，当你想要与对方保持距离时，就会需要一个非常正当的理由，比如对方做了情节恶劣的伤害你的事，又或者违反了社会原则。即没有发生问题时，无法选择远离对方。

然而，问题的发生，总是有无数次忍耐做背景。无法忍受对方的言语行为，最终与对方断绝交往也是一样的道理。

封闭“厌恶”的感官后，细腻的人容易被对方依赖、遭到对方的过度干涉、过度要求等，人际关系反而变得扭曲。

图：“厌恶”是重要的警报

◇ 细腻的人的“第一印象”非常准确

在咨询过程中，我经常会问对方一个问题：“第一次见那个人时，你没有什么奇怪的感觉吗？”大部分人会回答：“好像是有一种奇怪的感觉。”

细腻的人的感知力十分强大，他们能够感受到“好像有点奇怪”“可能两个人不合适”等讯息。但是，他们也往往用世间的道理“以和为贵”“不要以第一印象妄下论断”等否定自己的感受。

当然，对一个人的第一印象消极，不一定不会成为朋友，如果你也有过类似的经历，那么可以质疑自己的第一印象。然而，如果回想所有的交友经历，第一印象十分准确的人，请一定相信自己的感觉。如果觉得感觉不对，不要轻易接近对方，观察一段时间，保持必要的戒备心。

关键方法是，不论是否有问题发生，一开始就不要轻易接近对方。只要感觉不对，就一定要与对方保持距离。即使没有正当的理由，感觉不好，就尽量不要产生瓜葛。

在我们的一生中，需要认真面对不喜欢的人的场合是十分稀少的。我们可以选择避开与不喜欢的人接触，如果有可能的话，将对方的事务交给其他人办理，这样对双方都有好处。

话至于此，U女士很惊讶地表示：“我从未表达过讨厌任何人的想法，真的没有过。”当她发现原来世界上还有“厌恶”这种想法，原来曾经发生在自己身上的“朋友突然取消约会”“挖苦”等行为忽然让她感受到了何为不快。

之后，即使受到别人邀请，也可以“最近我有点忙”的理由回绝对方，继而避开了不喜欢的人，生活变得清爽了许多。

◇ 禁止自己厌恶对方，反而会使不喜欢的人接近自己

禁止自己厌恶对方，那么就会使自己陷入不得不喜欢对方的陷阱，在无意识的过程中身边聚集了许多与自己不合拍的人。

T今年三十有余，在公司从事行政工作。之前，他一直认为即使是不喜欢的人，也必须要和对方建立良好的人际关系，让对方理解自己，因此常常在主动交流后，因对方的反应而伤心。

他甚至想过，为了改善人际关系而跳槽。当他明白“可以与不喜欢的人保持适当的距离”时，他开始主动减少向对方接近的行为，压力因此减少不少，心情变得轻松多了。现在的他，希望继续在公司发挥自己的能力，不再考虑跳槽了。

T的工作是其中一个案例。有时，细腻的人向不喜欢的人发送邮件时附加微笑的表情、在社交平台中主动关注对方或加对方好友等行为，会使他们无法认知自己真实的情感，反而展现出欢迎对方的姿态，而对方，当然理解为自己是被欢迎的。

由于抑制自己厌恶对方的情绪，反而造成与对方的距离越来越近。

令人舒适的人际关系中，需要与不喜欢的人保持距离。亲

者近，恶者疏。虽然“厌恶”是一种负面情绪，然而，他可以帮助我们找到真正的自我，从而构建适合自己的人际关系。

下面让我们一起来测试一下，你是否也拒绝讨厌别人？

1. 你是否曾经表达过对事物的好物？如：我不喜欢吃青椒。

→是否能够厌恶某种事物？有一些人，不仅将厌恶“人”的情绪封闭了，同时还将厌恶“物”的情绪也抑制起来了。

2. 独处时，你是否曾说过类似“讨厌某个人”的话？

→是否能够厌恶某个人？

3. 你是否向信得过的人表达过讨厌某人的想法？

→是否会因表达厌恶的情感而认为自己被别人嫌弃？

※如果你经常写博客或日记，可以尝试在自己的稿件中搜索“讨厌”这一词汇，这也是一种测试方法。

对方的情绪，你了解到什么程度？

“我能立刻感知到对方的焦躁不安。”

“我能立刻捕捉到对方想要我做的事。”

细腻的人总能如此快速地查知别人的想法。面对那些因对方的情绪而烦恼的细腻的人，我经常会建议他们：“如果你察觉到对方的情绪，可以尝试问清楚。”任何事情都需要确认真伪。

虽然这么说，但大多数情况下细腻的人不会向对方确认，想着“一定是这样吧”，便作罢了。

口上说着“我懂他”，却不加以确认。其实，细腻的人的“懂”，有时候与真相相距甚远。

细腻的人擅长通过微小的细节感知对方的情绪，比如，表情变化、身体语言、声音的高低、默默敲打键盘的声音等。

然而他们只能察觉到对方的情绪，是生气还是焦虑，却不能把握情绪的由来。所谓情绪产生的原因，大多也都是他们的主观臆断。

当一个人认为自己理亏时，他会将所有的理由都归到自己身上。

例如，当他认为自己工作效率低下时，那么也会将上司焦虑的原因联系到自己身上。

当认为自己有错时，人们容易将别人生气或焦虑的理由归结于自己。其实，对方生气的原因完全有可能与自己无关，但却将所有的问题归咎于自己一身，并为此烦恼不已，真是浪费生命。

因此，当你察觉对方的情绪时，请一定加以确认。

◇ 确认自己的推测是否准确

虽说如此，当别人正在气头上时，你向对方确认“请问您在生气吗，是因为我吗”着实需要勇气。

自己预测的准确率有多高，建议从日常的生活中就进行把握。最简单的方法是，与某人一同就餐或一同喝茶时问对方“味道如何”。

例如，你与某位朋友一同喝茶。

1. 预测对方对饮料的喜好。
   · 好喝/普普通通/不好喝
   · 温度适中/偏凉/普普通通
   · 对饮料没有偏好
2. 确认。一句话即可。
   · “你那杯红茶好喝吗？”
   · “嗯？哦。〇〇。”
3. 检查对方的回答与自己的预测是否一致。

通过反复实践，你会发现“人的想法其实很难捕捉”以及“自己的预测意外地很不准确”。

如果能够明白“自己的预测一点也不准”，可能就不会在为别人的想法烦恼了。

“上次好像有点生气，是因为我吗？”当你这样想时，就会出现一种新的想法，开始关注“错不在自己”的另一种可能性。从而产生“这种预测其实一点都不准，上司虽然看起来确实在生气，但是也可能不是因为我”的思维。

许多细腻的人实践这种方法后，都表示十分有效，只要简单地改变想法，便不会再因为周边的人的情绪而烦恼，生活变得轻松了不少。

划定边界线，保护自己的空间

“与人相处总让我很疲惫，特别是与那些过分积极的人相处时，会感受到对方过剩的能量，消耗精力。”

这也是细腻的人说与我听的烦恼。

细腻的人感知能力极强，容易获得言语之外的细微信息，因此当长时间听对方说话时，会处于接受过多刺激的状态。即使对方的情绪与自己无关，却容易对对方的悲伤、气愤等情绪共情，进而倍感疲惫。

因此，为了防止过度接收信息与情感，应与对方划清界限。

划清界限的方法大致可分为两种，一种是想象法，另一种是借物法。下面为大家详细介绍。

◇ 想象法

· 想象对方像在电视机屏幕内说话一般。

· 想象与对方之间存在透明的墙壁。

有话慢慢说的情况，大家都可以接受。然而，当面对一群人对自己说话，或情绪亢奋的人对自己说话时，仿佛自己在满场追赶对方打过来的攻击球一般，一刻不得停歇。

如果世界上永远都是少数人在一起慢慢说话的场面就好了，然而，事情总是事与愿违，任何人都有可能与亢奋的人对话交流。

因此，细腻的人需要不接对方投过来的“球”。

也许你会疑惑，能做到吗？实际上每个人都经历过类似的场景，对方亢奋地向你投来话语，然而你却无动于衷。

这种场景就是电视机。电视中的主持人及艺人，为了向电视机外的观众传达信息，总会拼命地表达，然而，即使我们打开电视，也可能心不在焉，让电视中的人仿佛在对空气说话一样。

如果当你听对方的话感到疲劳时，不如将对方想象成电视机画面中的那个人。那时，你会对自己松绑，放开“仔细听”的要求，轻松起来。

图：不被对方牵着走的方法①“想象对方在电视机里”

虽然对方的情绪不是对自己而来，然而，我们也经常会遇到对方情绪愤怒、说话强势等情况。这时请想象刑侦电视剧中犯罪嫌疑人与律师见面的场景。你还记得他们之间有一块超大的透明塑料板吗？

当对方情绪强烈时，可以想象自己与对方之间存在一块透明的塑料板。当然，这只是一种想象，但是效果极佳。不论对方说什么，自己都身处安全区域，不会受到对方情绪的影响。

图：不被对方牵着走的方法②

“想象自己与对方之间有一块透明塑料板”

◇ 借物法

· 在自己与对方之间放置物品。（笔或玻璃杯等，万物皆可。）

·尽量使身体远离对方。（椅背靠后，或退后一步。）

不光是想象，可以借用物体做隔离。做销售的人都知道一个心理学技巧，为了拉近与谈判方的心理距离，通常双方之间不会摆放任何物品。如果双方之间存在物品，则会产生心理上的隔阂。我们反其道而行之。为了避免受到对方的影响，我们可以尝试在自己与对方之间放置物品。

比如，开会时坐在投影的影子中；私人会面时，将两人之间放上茶壶或茶杯。工作场合，用笔比较方便。记完笔记后，将笔放置在两人之间，则可以产生向对方表达“这是分界线”的效果。

除此以外，调节物理距离，也可以调节与对方的心理距离。

如果你觉得听对方说话很痛苦的话，可以尝试将身体靠在椅背上，让自己离对方远一点。

即便是坐着，其实也可以调整前后的位置。向前趴在桌子上，和背靠在椅背上可以和对方拉开足足20厘米的距离。仅仅通过调整物理距离，就会使人轻松不少。

像这样调整座位位置，也是心理咨询师经常使用的小技巧。当对方过于靠近的时候就拉开距离，如果强烈地想表达自己的想法就靠近对方。通过调整与对方的物理距离，就可以调整和对方的心理距离。

当站立与别人说话时，可以在胸前环抱资料或比平常后退半步等，在自己和对方之间隔开物品，尝试和对方保持距离。

学会请求别人帮助

“不擅长请求别人帮助。”

公司职员I小姐，身形娇小。每当她够不到柜子顶部的资料时，即使旁边有同事在，也会自己搬椅子登高去拿资料。据她说，考虑到同事可能在忙自己的工作，不能耽误别人的时间，就根本不好意思说出让对方帮忙的话了。

有许多像I小姐一般的人，他们过度为对方考虑，而无法请求对方帮助自己。

细腻的人总是很自然地考虑到对方的状况和立场，所以不能轻易地请求别人帮助。请求别人帮助的话，也仅限于万不得已的情况，比如没有别人的帮助就无法完成，或者自己病得无法动弹的时候。细腻的人想要过好自己的生活，学会请求别人的帮助十分重要。为了让细腻的人能够学会依赖别人，下面我将介绍具体的操作步骤。

◇ 三个请求别人帮助时的技巧

技巧1　坚持抱有请求别人帮助的想法

至今为止，在凭借着一己之力拼搏至此的细腻的人当中，也有这样的人，他们认为拼尽全力做事是理所当然的，他们从来都不会考虑请求别人帮助或者和别人商量。

首先，希望大家能够产生请求别人帮助的想法。

就和使用洗衣机的感觉一样。现在，几乎没有人会因为自己能手洗，就手洗所有衣物了吧？同样的道理，不要因为自己有能力做，就包揽所有的工作，要学会请求别人帮忙。并不是只有到了万不得已的时候才依赖别人，从平常的小事开始就要学会借助他人的力量。

比如，从请别人帮忙从架子上拿材料、请别人听自己倾诉烦恼等简单的事情开始，到拜托别人帮助处理工作事务，可以试着思考，“这件事，我能请哪位帮助我一下呢？”

技巧2　不要去揣测对方的状况，直接确认

请人家帮我做这件事是不是太费时了，现在对方好像很忙的样子……

体贴对方是细腻的人的优点，但即便如此，对方的情况只有他自己清楚。

比起自己揣测，不如直接开口问："我有件事想请您帮忙，请问方便吗？"这样更加明确且又十分高效。于自己而言好像天快要塌下来一样的事情，或许对对方而言不过是小事一桩；对方虽然很忙，但是没准也能接下你的工作。正因为我们不了解对方的情况，所以一定要张口询问。

而且，询问时一定要注意加上一句"不要勉强，不行的话就告诉我"。这样一来，你便将是否愿意施以援手的决定权就交给了对方。

技巧3　如果对方同意帮助，就要"用人不疑"

请求对方帮助的时候，对方欣然同意。这时，一定不要再犹豫，不要揣测对方的心思，也不要怀疑对方是否情愿之类的问题。过于体谅对方，实际上是一种怀疑对方能力和判断力的行为。

对方应允了你的要求，你便要尊重对方的决定，把事情放

心地交给对方。在你将决定权交付对方之手后，对方给予了肯定的答复，那么这就是对方的选择。（当然，拒绝做不到的事情，是他自己应该学习的事情。）

◇ 请求别人帮助的两个步骤

如果你之前很少请求别人帮助的话，即使请别人帮忙很小的事情也会犹豫。那么，请尝试按照接下来介绍的两个步骤拜托别人。

1. 向绝对会回应自己的人请求帮助

“请求”也是一种练习。首先，尝试一下向绝对会回应自己的人请求帮助。

举个例子，向百货商场的服务台工作人员寻求帮助：“请问室内装饰品在几层呀？”如果得到了满意的答复，请试着面带微笑地说：“谢谢，您真是帮了我大忙了。”

不管是在工作单位还是在家里，可以一点一点地尝试着拜托容易搭话的人帮忙。

2. 从简单的请求开始

从最简单的请求开始吧。像“能不能帮我拿一下酱油。”这样的请求就可以。

一般来说，人们难以拒绝一个需要帮助、表情很为难的人的请求。在知道对方不会拒绝的情况下拜托对方，会使细腻的人更加难以启齿。（对方不会拒绝，我可以不断地请对方帮忙，这样不是很好吗？如果大家都这样想的话，就轻松多了。然而，不管是好事还是坏事，每件小事都要体谅对方的细腻的人，是不可能做出如此自私自利的事情的。）

对细腻的人的要求是：练习请求别人帮助微不足道的小事。

即便是小事，也请求别人帮助，通过积累别人帮助自己的经验，可以获得别人帮助自己的幸福感。

“可以拜托您吗？”这句话可以成为细腻的人的力量。从小事开始拜托别人的练习过程中，他们也变得可以向别人商量重要的事情。

当想到“付出却没有得到回报”时

细腻的人大多心地善良，看到有人需要帮助时不会置之不理。甚至会有人因为帮助别人太多而给自己带来麻烦。

U是一位公司职员，他认为同事工作很辛苦，所以便去帮忙。可令他没想到的是，同事却责备他：“就是你做的那部分导致我的工作出错了。”

另一边，C女士和先生是双职工。家务和育儿都是两人共同承担的。但是由于不忍看到丈夫工作辛苦睡眠不足，C女士主动承担了家务和育儿的工作，让丈夫好好休息。但是，丈夫却把睡觉的时间投入工作，结果因为睡眠不足累倒了。

C女士怒上心头，说道：“为了让你不要累病，我才承包了所有家务，但是现在看来一点意义都没有。”C说，体谅丈夫的行为没有得到应有的效果，但是如果不能帮丈夫分担，他必然也会累病，最后遭罪的还是她一个人，她不知道究竟应该怎么办才好。

这两个人的经历相同之处在于：

- 想让处于困顿中的人变得更好，所以伸出援手。
- 但是，自己的帮助并没有得到回报。

这个时候，其实应该袖手旁观，默默关注。

◇ 细腻的人帮助别人的时机总是为时过早

细腻的人总是对他人的样子或者周围的环境有细腻的认知，“同事这样下去的话可能不能完成工作了吧”“这个状态下去，丈夫会累病的”，他们参考着过去的结果，预测未来要发生的事情。在对方意识到“这样下去就完了”之前，细腻的人早就意识到对方所要面临的危机。

由于很早就能注意到危机的来临，所以他们帮助别人的时机也总是为时过早。但是，抢先帮助别人并不一定能得到好结果。

从根本来说，同事应该凭借一己之力把工作做好，丈夫也应该量力而行，合理安排自己的工作量。

彻底改变一个人，包括改变一个人的做法或想法，是十分困难的，需要消耗大量的精力。

想要改变自己，往往需要一次触底。比如，工作屡次失败，多次病倒等。人们只有在感觉极为厌烦的时候，才会主动地去思考："这样做不行，必须得换个方法。"

但是，细腻的人总是很早就注意到别人的问题，并早早地就帮助别人解决问题，甚至有时当事人都还没有意识到问题的发生。

由于他们抢先帮助别人，那么对当事人来说，问题的严重程度大大降低，化解成了"没有什么问题"或者"可能有点问题"。这样一来，对方会不思变通，反复犯同样的错误。

因此，提前帮助别人，看似在帮助对方，实则是让他重蹈覆辙。

图：细腻的人帮助别人总是为时过早

◇ 你是下意识地帮助别人吗？

“以防万一，我想确认一下，对方是不是很清楚地表示自己需要帮助呢？”

我向一位细腻的人提出了这样的问题。他由于过度帮助别人，给自己带来了不少困扰。当他回顾帮助别人之前的情况时，会说：“对方看起来很困惑。”或者是，“再那样继续下去的话，被牵累的就是我自己了。”

也就是说，大多数情况下，别人并没有明确地请求自己提供帮助。别人请求自己帮助，也是因为自己主动询问对方是否需要帮助，并积极主动地伸出援手。

实际上，过度帮助别人的细腻的人并没有意识到，别人并没有请求自己帮助，自己却在一直帮助别人。他们过于清楚对方的状况，他们以为对方在等待自己的帮助，但实际上别人根本没有请求帮助。

从洗餐具到事无巨细的资料工作，能帮助别人的事情是千万件。由于对方看起来很为难，就下意识地帮助对方，造成“请求帮助”这一明确的事件点消失，从而导致无法控制事态的发展，从小事到大事，一件又一件地帮个不停。

而且，由于在帮助别人的时候，是在为了别人花费时间，所以自己的事情一定无法按时完成。

无论对方多重要，但是仅仅为了别人的事情就把自己的工作推后，自己就会越来越焦虑。而一直以来的忍耐，最终会因为一件小事而爆发。

于是就造成了这样的困局：细腻的人认为是为了解决对方的困难而伸出援手，焦虑的源头也在对方；对方则认为自己并没有寻求帮助，却得到了细腻的人自作主张的帮忙，还要忍受他莫名其妙的怒气，如此不快，不如不做。

◇ 你所做的一定是对方明确请求的事情

那么，究竟应该怎么做才好呢?

首先，不要插手，也不要随意建议，要在一旁默默陪伴。

“他看起来很为难，又不能顺利进行下去了。”

“这样下去会累病的。”

即使注意到对方在犯同一个错误，也不要插手。只是记着对方感到为难的样子，但并不要出手，也不要给对方一些意见，在他身边做好自己工作。

如果在意对方，在对方身边时，有意思的事情就会发生——对方会渐渐地跟自己吐露烦恼。

“最近工作太忙了，我都没来得及做家务……”对方的话到此处，如果你伸出援手的话仍然为时尚早。

你只需要对对方的话表示认同即可。对话的过程，也是整理思路的过程。对方在倾诉的过程中，可以做出判断，是需要你的帮助，还是自己来完成。

当对方明确地说出“能拜托你帮我做一下家务吗？”时，就可以施以援手了。

提供帮助，要从对方提出开始。

在此之前，不要插手，也不要建言，只需要在旁边静静陪伴。

每个人内心的层次都不一样

“不管怎样解释，对方都不能理解我的话。”

“虽然有言语交流，但是对方只能理解表面的意思，深层意义总是存在理解错位。”

此语出自细腻的人之口，向我们展示了人类心灵层次的不同。对于细腻的人而言，深意难以言表的感受，如鲠在喉。

当对话的语言无法被对方理解时，往往不是自己的表达方式或是对方的理解意愿有问题，或许只是因为每个人的内心层次不同罢了。

内心的层次，表现在怎样理解事物，如何理解对方的心情等方面，这种层次存在很大的个人差异。

世界上有人生来就不会深思熟虑，也有人天生就不会与人共情。内心的层次不分优劣，可以将它视作身高一般，是一种自然属性。相对而言，细腻的人的内心相对深刻。

因为没有遇到相同层次的人，所以自己说的话往往不能被别人理解。这讲来，也算是一种高处不胜寒吧。如果觉得自己的语言无法被理解而感到孤独的话，请尝试寻找和自己有相同内心的人。

找到那位能够理解自己的意思，深知自己想法的人后，你会发现，自己也能变得可以和不同层次的人平和地交流了。

图：内心高度层次因人而异

寻找同伴的方法

“我希望有一些情感细腻的朋友。”

“我希望找到能理解自己的人。”

常听细腻的人说想认识和自己一样的朋友，虽然世界上五个人中有一个就是细腻的人，但是大家在公司的时候都装作普通人的样子，将自己的细腻敏感隐藏起来，甚至无法察觉自己的细腻之处。尤其是在那些要求抗压能力的公司，细腻的人就更难被发现了。

但是，没关系。

世界上有许多细腻的人。一定会有人和自己有相似的感受，可以和自己共情。

那么，寻找同伴，具体应该怎样做呢？

大体来说，有两个方法：

· 自己找。

· 让别人帮忙找。

每个人都有自己擅长的方法。有的人自己出手找到的概率更高，但也有人更擅长让别人帮忙找。

◇ 自己去找的方法

如果你喜欢体验新鲜事物，那么建议你自己寻找同伴。

· 去自己心仪的店铺

可以尝试去餐厅、酒吧、咖啡馆、杂货店等自己心仪的店铺，找找看。比起那些画风一致，经常换店员的连锁店，更建议去个人经营，可以展现店主的风格和想法的小店铺。

自己觉得不错的店，也会吸引有相同想法的人。

经常光顾的过程中，渐渐就成了常客，可以和店里的人沟通交流，或许就能找到和自己有相同感受的人了。

图：在心仪的店铺中找到心灵相通的朋友

· 参加一些轻松的活动

细腻的人的兴趣爱好从绘画、唱歌、表演、聚会等表现强烈的活动到瑜伽、登山、冲浪等运动，丰富多彩，其实处处皆有细腻的人。

在多种活动中，如心理学讲座、药膳或者中药的讨论会、身体护理讲座、哲学咖啡馆、瑜伽等注重内心或者体验的安静的学习场合，遇见细腻的人的概率很高。如画室或者剧团、吹奏乐器兴趣小组等展示内秀的活动场合，细腻的人出现的概率也很高。

有许多活动都接纳初学者，请尝试去参加一下吧。

·搜寻气味相投的人的朋友

如果找到一个与自己合得来的人，一定要尝试着去了解他周围的人。物以类聚，人以群分。如果你觉得某个人值得交往的话，那么他周边一定会有和自己抱有一样感觉的人，换言之，和自己的感受、价值观、生活方式相似的人会聚集在一起。在社交平台上，找到相关的人十分容易。浏览喜欢的人的博客，然后再看博客下面评论者的博客，顺藤摸瓜地找到和自己合得来的人。

这只是其中的一个例子，相同的地方是，可以通过关注自己觉得不错的地方，从而遇见和自己相似的人。

另外，重点是重复光顾或关注。

如果觉得不错的话，不要放过感觉良好的机会，不要只去一次，要去两次、三次。这样一来，朋友自然而然地就会变多。

◇ 寻找同伴的方法

喜欢宅在家里，喜欢一个人生活，但是偶尔想要和别人交流。如果你也是此类人的话，那么，推荐通过网络寻找同伴。尝试将自己喜欢的事物、思考以及感受发到社交平台上，在网络上与他人交流。

这种方式有一个优点，即不用在意对方的情况，可以按照自己的节奏控制交流的过程。

想看的时候看，疲惫的时候就关闭屏幕。由于方便控制自己的节奏，且可以和对方聊透许多仅靠一次见面时间无法聊到的话题，社交软件便成了许多细腻的人的交友法宝。

想要找与自己合得来的人，注意不要在网上发布和周围的人一样的东西，应该发一些自己心仪的事物以及可以反映自己内心的事物。对于心理学问题的讨论也好，路边小花的照片也罢，自己钟爱的艺术家也可以，内容完全不受限。特别是要将自己的喜好、想法和感受，通过文字、绘画以及照片等形式发送出去。

一个人每天思考的内容，以及对事物的感受，皆不相同，因人而异。表达自己喜欢的东西或者感受，便是表现自我。通过网络上的表达和你联系在一起的人，便是被你的人格魅力吸引的人。通过发布自己的喜好和感受，便很容易被和自己三观一致，趣味相投的人发现。

而且，不要只是发布一些触动自己内心的东西，如果有自己觉得不错的人出现的话，要尝试通过评论或者转发等方式作出积极的回应。

如果自己发布的信息得到了回应，大部分人都会觉得欣喜。

通过两次、三次的互动，对方也渐渐地知道了自己，于是两个人就会互相浏览对方的帖子，自然地开始交流。

图：通过社交平台寻找同伴

“细腻的人和非细腻的人”同伴关系的要点

在本章的最后，我们来谈一谈如何处理同伴关系。

不须多言，不仅限于恋人关系，家人、室友等长时间相处的人也可以用相通的方法来处理关系。

根据对方是否为细腻的人，处理方法的侧重点各不相同，下面，我们分别做具体说明。

首先，细腻的人和非细腻的人之间的伙伴关系。有个非细腻的同伴的细腻的人表示，因为对方什么都不在意，所以自己也不用担心，相处起来十分轻松，这是和非细腻的人相处的优点。

另一方面，有时候会十分苦恼于对方无论如何也理解不了自己的想法的问题。

在和非细腻的人交流之前，请一定要了解对方和自己的感受的不同。在了解细腻的人和非细腻的人之间的区别的基础上进行交流，可以有效减少“说了数遍都不能理解”“谁都没有错，就是不顺利”等理解上的分歧。

每个人的价值观和想法都不一样，细腻的人和非细腻的人从最根本的“感受”层面就完全不同，而感受则是构成价值观和想法的基础。无论是身体疲惫程度的感受，还是高兴、悲伤等感情方面的感受，他们的感受结果都大不相同。

假设让细腻的人和非细腻的人一同外出。让他们在拥挤的人群中走路，观看电影，然后乘坐人满为患的地铁回家。

非细腻的人会觉得电车可真挤啊，稍微有点疲惫。但是，细腻的人会认为：“超级！超级！超级累！我筋疲力尽了，一步也不想走了。想立马就能睡觉，再这样下去的话明天一天都动不了了。”大概就是这种程度的差别。

◇ 让对方理解自己很难，不如有话直说。

细腻的人和非细腻的人感知事物的方法完全不同，所以不管细腻的人怎么表达，非细腻的人都无法领会。细腻的人的痛苦，对于非细腻的人来说似乎不痛不痒。所以，对非细腻的人来说，他们天生没有细腻的感官，即使被细腻的人要求“理解”自己，然而，也是不太可能的。

为了能顺利地和非细腻的人交流，不要光想着让对方理解自己的感受，而是应该清楚地表达出自己想要求对方做的事。

比如，“我想自己休息一会儿，出门的时候请小点声”“我想一个人安静一会儿，能不能帮我把灯关了？”之类。

如果累到连想让对方做什么都不愿思考的话，不管怎样，先自己一个人独处一段时间。这时，可以提前告知对方：“我觉得累时会宅在房间里，但是休息好了就会出来，不要担心我哦。”

◇ 如何巧妙地表达自己
——“电视的声音或手机的光线”有点……

非细腻的人不能理解细腻的人的想法。

即便如此，细腻的人有时候也希望将自己的想法传达给对方。此时，可以尝试用举例子的方式进行表达。

比如，自己在房间里听到客厅传来的电视声音，十分厌烦。

这时，如果你告诉对方，电视的声音太吵了，想让对方调低一点。容易以对方的“是吗？我没觉得吵呀”草草结尾。你应该举个例子来说，“客厅电视的声音太吵了，对我来说电视的声音就好像门口一直有一辆重型卡车在狂奔一样。”

这样说并不是让对方理解自己，而是把自己的感受换成对方大致可以理解的感受加以表达。

I女士说，她很介意丈夫带手机进卧室，因为丈夫在旁边玩手机时，手机屏幕的光线会令她觉得很刺眼。I女士已经不止一次地和丈夫表达过自己的不满，但是丈夫就是不听。后来，她选择说了“我睡觉的时候手机发出的光对我来说，好像屋里的灯都亮了一样刺眼”之后，丈夫就不再在卧室玩手机了。

另外，有一位细腻的人和丈夫在同一地方工作。细腻的妻子对丈夫说：“工作了一天累坏了。”工作内容相同的丈夫却问：“为什么那么累啊？”

这个时候就要换成对方可以理解的说法，试着说：“你之前有一整天，全天接待客人，还要开会，回家的时候已经筋疲力尽了。对我来说，我的累就和你那天一样。”

当然自己也不能理解对方的感受，但是整体上和对方的大体感受相似就可以了。

想表达自己的感受时，就尝试着用对方的可以体会的感受来置换自己想表达的感受吧。

这就是“细腻的人与细腻的人”同伴关系的要点。

接下来，是“细腻的人与细腻的人”的组合。

细心的同伴可以互相感受到对方的状况。觉得对方很累的话就会把屋里的灯关掉，并建议对方稍事休息。互相体谅是其优点。但是，正是因为双方都能很容易就体会到对方的感受，所以有几点需要格外注意。

◇ 每个人在意的点不一样

每个细腻的人所在意的地方均不相同。例如，A喜欢改变房间的布局，但是B觉得虽然改变房间的布局可以让人静下心来，但是过于浪费时间。

即使都是细腻的人，也会有以下这种情况：当遇到对方不擅长但是自己却擅长的事情时，不由自主地便会想："他为什么那么在意啊。"（为什么他如此在意更换房间布局的事情？我只是换一下沙发的位置而已。）

因此，从平时就要互相交流自己擅长的事情和不擅长的事情。

	A	B
改变房间格局	○	×
建立新的人脉关系	△	○
声音	×	×
光	○	○
⋮	⋮	⋮

图：每个人在意的地方均不相同

◇ 警惕负面情绪的恶性循环

细腻的人和别人在一起时，很容易受到影响。如果对方开心的话自己也开心，对方焦虑的时候，自己亦然。大家都有类似的经历吧？

如果两个人都是细腻的人，互相被对方影响，就可能会产生情绪的协同作用。高兴时则已，负面情绪产生时要警惕陷入恶性循环。

我和丈夫都是细腻的人。有一天，丈夫随口说了句："你好像没什么精神。"

我虽然心里疑惑真的如此吗？但是我的心情确实也变差了。然而，又没有什么理由让我心情不佳。究其根本，大概是丈夫心情不好，而我只是被他的情绪影响了而已。

"是你没什么精神，我好像被你'传染'了。"

体会到丈夫感受的我心情低落，看到我心情低落，丈夫也心情低落。于是，我们两人便陷入了消极情绪的恶性循环。

当然，这种恶性循环并不常有，在换季身体不适时，或者搬家让人筋疲力尽时，双方压力积攒时，就要注意了。

如果无论如何也无法平静时，就应该反思一下："自己可能是被对方影响了。”“可能是陷入了不良情绪的恶性循环。”如果意识到自己被对方影响了，就暂时去另一个房间平静一会儿，两个人之中，相对振作的人可以照顾另一个人的感受，并采取相关措施。

◇ 练习拒绝，可以加深信赖关系

经常听到有细腻的人提到这种烦恼：同伴也是细腻的人，所以做不到请求对方帮助。双方彼此都过于在意对方的想法：“正是因为知道如果请求对方帮助的话，对方即使不情愿也会帮自己做，所以才无法开口麻烦别人。”

但是，如果不让对方帮忙，生活很不方便。实际上，在请求对方帮助之后，如果是对方力所能及的事情就可以帮忙，无能为力的话就明确拒绝，这样的做法对双方都有益处。

对于不擅长请求他人帮助的细腻的人来说，建议两个人一起做“拒绝”练习。

两人可以事先约定好，如果感到为难的话就说“做不到”，但被拒绝的一方并没有被嫌弃，所以不要多想。

接下来，进行实践：“可以请你帮我做一下这件事吗？

如果不行的话，请告诉我哦。”然后将是否帮忙的决定权交给对方。

虽然提前说好，但是一到拒绝别人时可能仍旧会紧张。可以事先规定一些暗号，比如在社交软件上发送表情，或者双手交叉做出拒绝的样子，当口头难以拒绝时，可以选择用符号表达。

不用一次到位，尽量尝试在交谈时一点一点地练习拒绝别人。当然，既然请求时将选择权交予对方，那么，在对方拒绝时就应该理解对方。

做不到就说做不到。

正因为做不到时可以明确表达，请求方才敢大胆地拜托对方。

互相都可以说出“做不到”后，不仅可以让双方减少对彼此的过度关注而感到轻松。陷入困境时就请求对方帮助，自己无能为力的时候就明确表达做不到，换句话说，双方都能够信任对方并说出自己的真心话，彼此的信赖关系将更加牢固。

◇ 即使都是细腻的人，也要用语言来表达

如果都是细腻的人的话，会通过以心传心的方式交流，这样的话交流就没有障碍了吗？其实不然。

两人都是“细腻的人”的夫妇表示：“想让对方察觉自己的意思，而对方总是把握不到。但是，只要说出口对方立刻就能明白，两个的感情也逐渐变好了。”

虽然都是细腻的人，但如果闭口不谈自己的想法，对方就无法理解自己。同样，如果不问对方的心情或者状态，也不能理解对方。

不管双方都是细腻的人，还是一方为细腻的人，另一方为非细腻的人，“用语言表达”以及“交流”都十分重要。

打造自己的心灵居所

我在做心理咨询时，曾遇到一个人："哪里都没有我的容身之地，我太寂寞了。"

没有容身之地，实际上是由于自己的内心不安定，没有安全感。

虽说全世界每五个人中就会有一个细腻的人，但是整体来看，细腻的人仍旧属于少数派。细腻的人很少遇到与自己感同身受的人，很少有人真正理解他们。

如果这种不被人理解的寂寞感越来越强烈的话，当遇到可以理解自己感受或者想法的人时，就越想在对方的心中找一个自己的容身之处，想让对方了解自己的一切，接受自己的一切。

但是，试着思考一下，人有很多面，感情也十分复杂。就好似自己的内心不能完全地接受别人的感情、思想或者过去一样，别人内心也同样不能接受自己的一切。

自己的容身之地，首先应该在自己的内心中搭建。

如果发生了糟糕的事，不要马上责备自己没用，而是应该安慰自己已经足够努力。

在自己的内心中搭建自己的居所，悦纳自我。

这对于与他人保持和睦的关系来说是最有必要的一步。

我已把与人交往的秘诀都告诉大家了，请一定不要忘记哦。

肯定自己的感受，和可以共情的人交流

三十岁左右的N是个敏感的人，虽然她总是希望将自己喜欢的东西和周围的人分享，但是出于觉得自己分享了别人也不能理解的念头，还是放弃了。

举个例子，N在初中时喜欢小众的实力派演员，即使同学们热衷于关于偶像的话题并聊得火热，她却说不出附和的话。这样的小事渐渐地堆积，N在不知不觉中就会怀疑自己的想法，认为自己很另类。

我对N的建议是，一定要相信自己的想法是对的，在某个地方一定存在和N一样的人，只要遇到了第一个，就会遇到第二个、第三个。

听到这里，N回想起她在车里放自己最喜欢的艺术家的CD时，曾有人饶有兴致地问是谁的作品。

自己的感受，对自己来说就是正确的。

开始相信自己感受的N，开始在社交平台上记录自己每天的感想。或是工作的想法，或是在向阳窗边吃的早饭、细腻的情感，在她用文字认真地表达自己所思所想的过程中，社交平台上出现了和自己有同感的人，他们便开始了交流。

随着对自己感受的肯定，N也慢慢变得不容易被周围的人影响。即使在公司或者兴趣小组等之前容易紧张的场合，她也能够从容应对。和能与自己共情的人交朋友，遇见自己的同伴，和许多人产生联系，这些变化她曾经不敢做想。现在，她的人生之路仍然在不断拓宽之中。

第4章

游刃有余，舒适自在的工作技巧

细腻的人在工作时，脑力消耗胜过体力消耗

细腻的人在工作时筋疲力尽，就会在休息日一个劲儿地睡，由此循环往复。

这种生活，你是否也认为是理所当然的？

对于这类细腻的人，我经常会发出一个疑问：“是脑子累，而不是身体累，对吗？”

大部分人的回答是肯定的。

工作计划的设计、邮件的编辑回复，以及领导的话让他们绞尽脑汁。“下次要做这件事”“周一上班时要回复那个人的邮件”……他们在脑中安排着未来的计划，也反思过去的问

题的几种解决方案，思考着“如果当时那样做会怎样”。他们的大脑总是被思考塞得满满的，许多人都说休息日也是满脑子工作。

此外，还有一部分人总是在工作时绷紧神经，导致“即便做简单的工作，一天下来也会筋疲力尽”。

如果出现了以上“疲于思考”和“疲于紧张”的情况，神经就会得不到休息，疲惫感自然难以消除。实际上，这些问题的背后都有一个共同点，那就是担忧。

本章将会介绍一些让细腻的人能够轻松工作的技巧，其中最关键的一点就是通过加强安心感来减少“疲于思考”和“疲于紧张”的情况。

下面我们就直奔主题，让我们一起看一看有哪些典型的情况会让细腻的人容易感受到工作压力，以及对此应该采取怎样的方法。

养成简单的习惯，解决多任务难题

首先，我想举例的一种情况是，有些人在多项工作同时到来时，会感到十分焦虑。

正在写文件时，电话响起，于是便只能先接电话。挂了电话后想继续完成文件，结果到了开会的时间，会议中又被追加了新的工作……

细腻的人往往不擅长同时处理多项工作。有人表示："一次性被安排了多项工作时容易感到恐慌。"

他们在工作时，能够注意到各种细节并深入思考，擅长集中精力做好一件事。

另一方面，想要同时完成多项工作则需要先粗略浏览整体情况，在工作时迅速转换思维方式，干脆果断。这和细腻的人擅长的工作方式完全相反。但实际上只要从属于某一工作组织，就不可避免地会遇到要同时处理多项工作的情况。那么，细腻的人要如何应对呢？

◇ "一件一件地完成"，发挥自己的优势

任务一项接一项，焦虑感加剧。工作堆积如山。

这时，要记住的一点："一件一件地完成"。

可能你会感到疑惑。什么？这么简单？

但恰恰就是这看上去理所当然的办法是最有效的，也最容易被忽视。

当工作任务接踵而至时，大脑思绪混乱，无法集中精力处理手头的工作，就会导致手足无措。这时，记住"一件一件地完成"就可以有效地帮助我们将与手头工作无关的想法赶出脑海。

而集中精力做一件事，恰好就是细腻的人所擅长的。

"一件一件地完成"还是一句有着神奇力量的咒语，帮助自己在做擅长的工作时进行思维转换。

工作再多，任何人实际上都只能先做一项。不妨深呼吸，一件一件地去完成。

◇ 分出轻重缓急，先完成一项重要的工作。

必须要完成多项工作任务时，经常会听到“安排先后顺序”这样的建议。如果按照这种方式能顺利处理的话自然可以。

但对于不擅长安排优先顺序的人来说，不勉强排序为好。

在细腻的人中，有一部分人“想要安排优先顺序却反而乱成一团”。

因为他们会想象着各项工作的完成步骤，深入思考怎样安排优先顺序较为合适。在思考过程中，新任务的到来往往会打乱安排好的最佳顺序，结果又要重新排序……对于习惯深度思考的细腻的人来说，安排优先顺序就会成为一项额外的“工作”。

为此，我建议，这种情况下仅选择一件重要的工作去完成。

不用给所有工作排序，只需选择一件今天必须要完成的重要工作，然后就是执行。即使中途被电话、邮件或会议打断，也要重新回到手头工作上，直到工作完成或有了眉目。

完成后，再选择一项相对比较重要的工作着手去做。以此类推，去完成一天的任务。

最终，剩下的工作很有可能随着时间流逝不再需要去做，从而达到减少工作量的效果。

通过选择一项重要的工作，可以有效地推进任务的完成。

如果采用这种方法最终没能完成任务，那就说明工作量超出了自己所能承受的范围。

为此有必要借助他人的力量，例如和上司商议，减少不必要的工作量，或请同事帮忙等。不要一个人扛下所有工作，要试着和周围的人商量。

“细腻的人工作效率低”是真的吗?

“工作时没有信心，每项工作都要耗费大量时间。”

在工厂工作的S女士如是说道。她的工作是安排商品所需的各种零部件的采购，需要和商品制造商、销售人员以及交易客户等多方联络。

她在发送邮件时，会提前想好对方可能会有的疑问，并提前在邮件中进行解答。她还会详细写上希望对方注意的点，总是想着“这一点也有必要说清”。因此，她常常需要花费很长一段时间才能发送一封邮件。

“工作效率低”让细腻的人倍感困扰。

其中的原因可以分为两大点。

第一，受岗位的工作氛围影响，自己也变成了急性子。

如果细腻的人所在的岗位工作氛围十分忙碌，那么他在不知不觉中也会受到影响，并变得过于焦急，催促自己："再快点儿！效率再高点儿！"

第二，思考如何应对风险需要花费时间。

细腻的人会注意到各种"需要提前做好准备的事"。从如何改善工作，想着"这个信息也很重要""这样做比较好"，到为了应对未来的风险，面面俱到，觉得"不做这件事之后可能会遇到麻烦"。

在他们看来，工作顺利完成前会有很多风险，需要及时规避。于是，他们便想要提前应对这些风险，为此和不考虑风险一味推进工作的同事相比，所花时间要多许多。

这种工作方式并不一定就会导致"效率低"。有时因为没有返工，或通过深入思考找到了别人未曾注意到的高效方法，从全局来看其实和同事效率相当，甚至会高于同事。

图：细腻的人和非细腻的人的风险处理方式

◇ 试着验证“自己的工作效率是否真的低”

我在工厂从事商品开发工作时，一直觉得自己“工作效率低”。

当我在做一项实验时，后辈已经超前推进，前辈也抓住要点迅速完成了。相比之下，我为了减小结果误差，总是会仔细控制变量，去除测量仪器的噪音干扰等，直到所有的准备工作都完成了才开始着手实验，所以自己的工作效率非常低。

因为效率低，所以不得不加倍努力。我认为这种想法是使自己陷入停职境地的原因之一。

恢复工作后，我小心翼翼地问了同事。

“我觉得自己工作效很低……不知道你们是不是也这么觉得？”

同事不以为然，说道：“说来不可思议。”

“虽然看上去你的动作慢、效率不高，呈现的结果却异常出色，堪比行家。”

听闻此言，我目瞪口呆。

当时我每天工作到深夜，黄金周也不曾休息，忙得团团转，拼尽全力完成一项又一项工作，根本没有时间反思，但效率其实并不低。原来，是自己忽视了上司夸自己做得不错的称赞之词。

我的工作效率低吗?

即便害怕确认自己是否真的工作效率低，也请你务必验证一下真实情况。

得益于谨慎，所以没有出错，因为没有返工，所以过程十分顺利。防患于未然的过程并不起眼，但确实对结果有很大的帮助。

如果同事和上司告诉你“做得不错”，不要怀疑“他们是不是为了照顾自己的感受才那么说的”，要坦然地接受，“好像结果比自己想象的还要好呢”。

最大的烦恼——怎样才能从“每次都只有我最忙”的想法中跳出来

接下来，将会介绍细腻的人工作中需要养成的重要习惯。

“总帮助同事干活，慢慢地，复杂的工作都堆到自己身上了。”

“尽管手头上还有必须要完成的工作，但看到大家都忙不过来，就自己揽下了工作，加班到深夜。”

这些细腻的人工作中最大的烦恼，概括来说，就是总是非常忙碌。其中还有人表示：“为了获得更多的业余时间选择了跳槽，但发现不管做什么工作，最后都会变得忙碌起来。”

为什么细腻的人会如此忙碌呢？

因为和其他人相比，细腻的人会注意到更多的细节，并一个一个地加以处理，导致工作量变大，身心俱疲。

为此，不要半自动地解决发现的所有问题，而是要自己区分出需要处理的问题和无须处理的问题。

◇ 区分“注意”和“处理”

具体来说，就是要将自己的行动分为“注意”和“处理”两个部分。

1. 注意到就好

细腻的人，即使在进行工作或看邮件这种十分普通的行动中也会注意到各种可以改进的地方，如“这部分有冗赘信息，这么处理效率会更高”“回复这一问题时，再补充说一下我方的情况或许会更好”。这样做当然是没有错的。因为对于他们来说，并不能依靠自己的意志控制“注意”还是“不注意”。

2. 自己决定，处理还是不处理

那么，接下来才是关键所在。对于注意到的点是否要加以处理，要根据自己是否有余力来判断。

例如，回复邮件时，意识到“除了回答被问到的问题，再补充说一下我方的情况会更好”的时候，应该如何应对？

如果能够迅速说明情况，则可以选择处理。但如果要向同事确认，需要考虑措辞和说明的顺序，还要添加资料到附件，一步一步顺藤摸瓜地做下去才能有好的结果，那么不妨先停下来。试着思考这件事是否必须要做，就算耗费大量时间也在所不惜。有时，“注意到了但不做处理”这一选项也十分必要。

如果你总是感到非常忙碌，工作堆积如山，那么请反思一下自己是否“总想要处理每一个注意到的点”。

为了工作中保持身心健康，做到“自己决定需要处理的点”“非致命问题则不做处理”非常重要。

试着模仿“不去细心留意的人”

前面提到了“自己决定需要处理的点”。

或许有人认为：“工作中根本做不到那一点！”

但除了涉及生命安全的情况外，“注意到了但不做处理”这一选项是确实存在的。

事实上，职场上还是有人“没有像你一样细心留意”或是“注意到了问题却不做处理”。

有人电话响了也不接，有人即便工作没有完成也要按时下班，有人即便听到改进的建议，“明白那么做更好”，却依旧要维持原状。

细腻的人也可以像他们一样，“不去细心留意”“不行动”。

工作任务重时，想想不会细心留意的同事，“他会做到这个程度吗？”如果认为“他不会”“他可能会偷工减料”，那么自己也试着松把劲儿。向不会细心留意的同事看齐，一点一点地将自己从“不得不做”的束缚中解放出来。

◇ 工作中发呆具有意想不到的优点

K女士在养老院工作。她平时会值夜班，一直觉得工作中不能休息，非常苦恼。和她一起值夜班的同事“听到呼叫铃声也装作没听到”，所以K女士说只能自己应对。

夜班中有规定的休息时间，但K女士总是在同事们闲聊休息时准备第二天要使用的器具，应对呼叫铃声，连续工作，不能休息。

对此，我给她留了一份作业，“不要主动行动，试着在工作中发呆”（当然，前提是保证养老院的老人们不会出现危险）。

那么结果如何呢？K女士在呼叫铃声响起后暂时忍住没有行动，然后同事竟开始应对了。

她说：“我当时非常震惊，她竟然会接呼叫机！”因为K女士迄今为止就像田径运动员一样，听到枪声立马就行动，总是冲在前方接活，所以同事们根本没有上场的机会。

K女士模仿不会细心留意的同事，摆脱了“不得不做”的束缚，现在值夜班时也能有时间坐在沙发上休息了。

不用争先抢着工作，放松休息也没关系。

不要自己一个人承担所有的工作任务，这样工作反而会进展得更加顺利。

◇ 电话，接还是不接？避免心累的原则

上述K女士的例子发生在养老院，可能还会有人“纠结如果是在普通工作场合，电话响了，接还是不接”。

忙碌之时，接电话会耽误工作。于是电话声响起时，有人一边在内心祈祷，希望有人能接电话，一边假装埋头工作。但其实他心里明白，同事们也很忙，这时自己假装没有听到电话

声心中会产生一种罪恶感。

这种内心的矛盾让细腻的人感到十分疲惫。当“为他人着想”（大家都很忙）和“自身利益”（但自己也很忙）相冲突时，他们的脑海中会出现各种各样的想法，即便什么也不做也会感到非常累。

为了防止这种内心矛盾带来的疲惫感，制定自己的原则非常有效。

例如，可以规定自己三通电话只接一通。不要在电话声响起时纠结接还是不接，而是基于自己的原则做出判断，“刚刚接过了所以这次就不接了”“刚刚的两通电话都没接，所以下一通电话要接”。

除了接电话，还有其他容易纠结困扰的场景，类似“想问一下上司工作的问题，如何是好”“是先洗碗再睡觉，还是明天再洗呢”，这种时候，将时间耗费在纠结中十分可惜，而制定自己的原则则会行之有效。

基于原则判断，可以避免无休无止的假想。开始可能会感到困惑，但适应了原则的运用后，就不用思考“这么做吧”“那么做吧”“但是……”，直接采取行动。

图：避免“心累”的原则

顺便一提，原则最好是以“如果/假定”这样的形式制定。通过同时考虑可能出现的问题及其解决方法，原则将更容易执行。

例

・如果电话响了，3通电话中只接1通。

・如果想问上司问题，纠结时间达到了10分钟，就立刻起身去问。

某位咨询者决定3通电话只接1通后，电话声响起时不再紧张，工作结束后的筋疲力尽感也得到了缓和。

面对纠结致使的心累问题，就要采用制定原则法对待。

请一定要尝试一下这个简单的方法。

以“自己觉得好的事物”为工作

我曾见过不同职业的细腻的人，有销售人员、行政人员、护士、艺术家、秘书、公司经营者等。

不论什么职业，能够保持愉悦的心情工作的细腻的人都有一个“共同点”。那就是以自己认为“好的事”“好的物”为工作。

例如，销售人员会觉得，“如果销售的是自己认可的高质量商品，那么就会非常有自信。相反，如果销售的不是自己喜欢的商品，那么要被迫销售就会很痛苦”。

乍一看这似乎理所当然，但世界上存在一种人，他们即便是碰到自己不能认可的商品，也能因为“工作原因”卖出去。

细腻的人感受细腻，有良心。违背内心的意愿时，他们无法做到轻描淡写，从容淡定。如果认为“这种商品没有价值”，他们在推销时就会觉得自己在说谎，为此压力激增。

相反如果认为推销的商品“实用”“对顾客有帮助”，那么，自己就会下功夫推销。

认为商品好，卖力推销，最终就会取得不错的结果。与之相对，认为商品不好，推销就会力不从心，感到疲惫。因此，细腻的人想要感受到工作的价值，自己对商品和服务的认可非常重要。

这里所提的商品“好”与“不好”不同于一般人所认为的“好”与“不好”以及回报的“好”与“不好”，也不是某个人所说的“那个不错”。

说到底是如何看待所从事的工作。

听了细腻的人的叙述后，我发现对于同一事物，有两种截然相反的价值观念。

在杂货店工作的A喜欢方便实用的商品。他说自己喜欢采购时猜想接下来哪些商品会畅销。

另一方面，从事商品批发工作的B看到大量低价商品售卖则感到心情烦闷。意识到自己“想要售卖节能环保、能够永久被爱惜使用的商品”后，他开始考虑跳槽。

尽管A和B的工作都是和商品打交道，但二人的想法大相径庭。A在工作时觉得幸福，B却相反。二者并无孰胜孰劣之分，只是两人对“好”的看法不同。

你认为什么才是“好”呢？

换言之，就是你觉得什么才是幸福？

如果工作能做自己觉得“好”的事，那么内心就会感到满足，想着“今天也做了好事，太棒了”。

应对脾气差的人的方法——置之不理

“同事中有脾气不好的人，只要和他在一个屋檐下就会感到心累。”

“总是因为小事就被埋怨，对方还会说些难听点话，甚至乱发脾气。”

这种情况怎么办？对策有以下3点。

· 心想“这人真难伺候”，置之不理。

· 尽可能保持一定的物理距离。

· 多关心自己，而不是他人。

细腻的人正因为能敏锐地察觉到周围人的情绪，因此总想采取各种行动缓和气氛，如“主动打招呼”“面对脾气差的人更要小心翼翼”。

但实际上越是这样，对方越是会得寸进尺。他会因为一点小事吹毛求疵，乱发脾气，满脸写着“想办法让我舒坦点”！照顾他人的情绪本是细腻的人的长处，但在面对事儿多的人时却适得其反。

对方心情如何是对方的事，没有人能够一直帮助他人重振心情。

面对事多脾气差的人，有必要与对方保持一定的距离，不给对方得寸进尺的机会。注意到有人脾气差，只要想着“他脾气真差”就好，不要过多理睬。

图：远离脾气不好的人

但如果是只要在脾气差的人身边就浑身不自在的话，可以尽可能选择远离，例如去趟卫生间，在其他地方工作等。家人心情不好时，毅然决定外出散步或购物也是一种方法。

面对脾气差的人感到不舒服的时候，不要想着照顾对方的感受，可以选择和沉稳的人交流，女性的话可以涂涂护手霜等，试着多照顾照顾自己的心情。

“努力也没有自信”时的注意点

S是公司职员。他本肩负领导团队的任务，备受期待，却总是缺乏自信，不能积极地处理工作。

后辈的业务处理效率高，同事英语能力很强。看到后辈工作时，他觉得“自己必须得加快速度处理邮件”，于是便要检查邮件并立马回复。而看到英语水平高的同事时，他又开始焦虑，想着“回家后得学英语”。他说每当看到团队成员的优秀之处，就会心生焦虑，觉得自己也要做到和他们一样。

“逼着自己这个也要学，那个也要会，但不管怎么努力还是没有自信。”

这类问题背后都有一个共同点，那就是意识不到自己的优点，只关注到自己不擅长的点。

S的业务处理速度和英语能力并不突出，他所做的实际上都是“克服劣势的努力”。

◇ “克服劣势的努力”和“发挥优势的努力”

努力分为两种。

一种是“克服劣势的努力”，还有一种是“发挥优势的努力”。

为了克服劣势所做的努力是鞭策自己的努力。就像乘坐独木舟逆流而上，不管怎么努力划桨，一旦松懈下来就会被水流冲走。努力可以让自己达到普通水平，但无法同原本就擅长的人相比。

如果给自己设定时间区间和目标水平，逆流而上也是可以实现的。如“仅在这个项目期间”“英语水平暂且达到可以进行日常对话的程度”。但不能总是贪图新的成果。

然而，如果“仅仅看到同事的优势而忽视自己的长处”，觉得“当前工作的主要内容实际上全是自己不擅长的”，那么就会陷入持续逆流而上、无休无止的努力中。

“不擅长的事”也可以说是“不适合的事”。对于不适合做的事，即便努力了也罕见成效。因为过度在意自己的劣势，反而会削弱自信，变得焦虑不安，筋疲力尽。

另一方面，发挥优势的努力则是“自发的努力”。因为自己原本就擅长，所以自然就会，努力见效明显。可以将其联想为乘着独木舟顺流而下。

上文中说到的S在曾经没有任何人提出要求的情况下，自主沉浸在阅读介绍提高工作效率的书本中。而他所擅长的正是观察团队整体，制定让大家轻松工作的机制，并从根本上进行改善，这也是他应该投入精力付出努力的点。实际上，S很适合当团队领导。

但领导也是团队的一员，也要完成工作。因为周围的环境并不能让自己将注意力完全放在擅长的事——提高工作效率和制定机制上，所以S不知不觉就将目光投向了自己不擅长的部分，削弱了自信心。

图：努力的两种类型

S后来决定在工作机制的制定完成前先将手头的工作分给团队成员，从而发挥自己的优势。通过将注意力集中于自己擅长的部分，S变得从容自如，工作热情也提升了。

◇ 克服劣势不如发挥优势！

无论怎么努力都没有自信的时候，请反思一下自己是否将重点放在了克服劣势上。

我强烈建议各位在工作中，选择克服劣势不如发挥好自己的优势。

擅长的事即为适合自己的事。因为喜欢，所以自然就能主动努力，自发的努力最终使得效果显著。因为效果不错，所以更加具有干劲，于是加倍努力。在不断努力的过程中，自己变得更加熟练，成果也越来越丰硕。

开始在工作中发挥优势后，干劲和成果的良性循环将会掀起超强的龙卷风。

想在工作中发挥自己的优势！如果你是这么想的，那么就写下自己擅长做的事，思考怎样将其运用到工作中吧。

因为热爱所以不用勉强，主动努力

如何选择“能够快乐地大展身手的工作（合适的工作）”

“有适合细腻的人的工作吗？”

这是多数细腻的人都会问我的一个问题。

事实上，我曾接受过从事不同职业的细腻的人的咨询，他们中有护士、公务员、教师、顾问、传统工艺制作人、手工作家、系统工程师、经营者……可见各种各样的职业中都有细腻的人。

由于每个人想从事的工作和擅长的工作各不相同，所以很遗憾，关于什么是“适合细腻的人的工作”一问并没有标准答案。

例如，我曾经和其中一位咨询者聊过，她表示“自己适合照顾有困难的人的生活起居，所以非常喜欢护工的工作”。几天后，另一位咨询者又说“自己虽然很想帮助有困难的人，但发现自己并不适合做护工工作”。

尽管每位咨询者的想法不一，但经过和六百多人的交谈后，我发现了细腻的人想要在工作中感到充实和幸福的条件。

有以下三点。

1. 意愿——想做的事，觉得好的事。
2. 优势——擅长做的事。
3. 环境——工作环境和劳动条件。

如果具备这三个条件，那么这份工作就是能够让你大显身手、收获幸福感的工作，即适合你的工作。

细腻的人感到困扰，不知道“当前的工作是否适合自己”时，主要有三种情况。

第一种情况，工作太无聊了。

可能那份工作不是自己想做的，或者对该公司的商品和服务不感兴趣。那么这时就会觉得“虽然工资不错，同事也很好，但工作太无聊了。感受不到工作的意义”。有人表示：“很想努力学习业务，但总是提不起劲。”

第二种情况，没有在工作中发挥出自己的优势。

这种情况表现为“努力了，但就是没长进。怎么努力都不行”“很想在公司得到更多的认可，但又没有什么特长”等。特别是做自己不擅长的工作时，努力也没有回报。

最后，第三种情况，不适应工作环境和劳动条件。

例如，“虽然工作很有意义，也有成就感，别人对我的评价也不错，但是工作强度太大承受不了”“换班的时候非常不适应”“和同事怎么都合不来，沟通不畅，观点也有根本性的差异”等。即便适应工作内容，长期感到身心俱疲也无法继续工作下去。此外，如果和同事在价值观方面差异过大的话，自己出于好心完成的工作也不被看好，努力得不到认可。

想要在工作中大展身手，并且长期顺利工作的话，需要注意以下三点，据此选择工作。

· 是否想做这份工作（意愿）。
· 能否发挥自己的长处（优势）。
· 工作环境是否适合自己长期工作下去（环境）。

能让自己做得开心的工作是什么呢？当你思考这个问题时，请务必抽空问一问自己：

· 想做什么？（意愿）

· 擅长做什么？（优势）

· 想和什么样的人一起以怎样的方式工作？（环境）

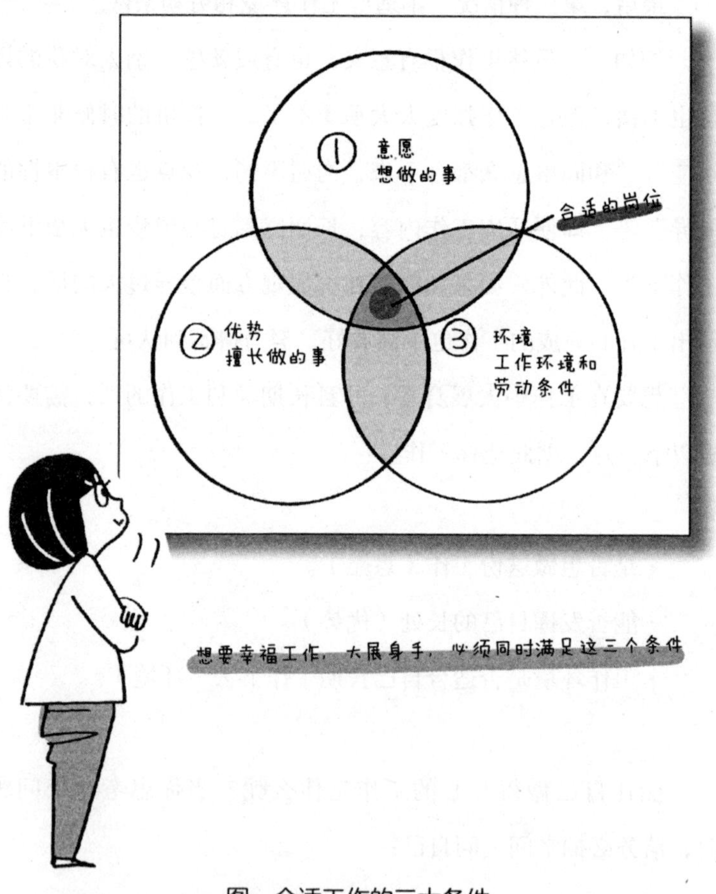

图：合适工作的三大条件

有时需要拼尽全力逃跑

前面用较长的篇幅介绍了工作的技巧，最后还有一点，我希望细腻的人能够认识到。那就是“身心健康比工作更重要”。

细腻的人有良知，做事拼命。即使在压力巨大的工作环境中，也想着“自己必须要完成工作”“现在辞职就会给同事增加负担”，有超负荷努力的倾向。

但当工作进展不顺利的时候，往往是因为“人手不够”“交付期太短”“部门之间的沟通不到位”等，很多时候都是因为组织整体的问题。因此，仅靠自己一个人是无法解决的。

“疲惫的时候同事也在努力工作”“大家都是顶着压力在工作”，这些并不能成为细腻的人继续留在职场的理由。细腻的人和非细腻的人所感知到的疲惫感完全不同。

工作本来就是为了让自己获得幸福感。有一些工作，可以让细腻的人自然轻松地发挥自己的实力。请给逼迫自己进行的高压式努力设置“有效期限”。如果逼迫自己努力已经有一段时间了，必须要抱有疑问，看看是不是“有什么地方不对劲”。请停下脚步仔细思考，“难道接下来还要继续这种工作方式吗？”

觉得工作压力大就抑制住敏锐的感觉，这就像躺在雪山上睡觉一样。感觉变得麻木后，就无法感知到压力的存在，等到回过神来就会发现，自己已是身心俱疲。

越是忙的时候，就越要利用敏锐的感觉，仔细了解身心的状态。肩膀酸痛怎么样了？胃还好吗？女性的话还要关注一下痛经是否严重了。以及是否还能从趣事中获得乐趣，睡眠时心情是否平静，而不是像没电了一样机械式睡去。

如果身体状态不好，那么请减少加班，请假休息，直到恢复为止。没有任何一份工作值得让你不顾身心健康。

“继续做这份工作/留在这个岗位上后果将很严重。”

如果出现了这种想法，就不要管是否会给同事添麻烦，不要在乎是否要承担工作责任，放下一切，全力逃跑吧。

人生有的时候就是需要逃跑。比起工作和别人，你更应该将自己的身心健康放在第一位。

通过与周围的人交谈，创造轻松的工作环境

M跳槽后做起了想做的工作，在新的岗位上开始工作后，他再次意识到了自己非常敏感。

每天搭乘拥挤不堪的电车去上班，光到公司附近的车站就已经筋疲力尽。办公室的人也很多，在这里工作一天精神会变得十分紧张。有的前辈因为一点儿小事就会发脾气，还要注意自己的措辞。

就算是在这种感到困扰的时候，细腻的人也想着“不要让周围人担心”“不要让周围的人不开心”，为此总是表现得若无其事。而周围的人并不会像细腻的人一样能够敏锐地察觉到对方的变化，为此细腻的人表现得若无其事时，周围人往往会

信以为真。

但M将自己的困扰告诉了周围人。

他和人事部说了挤电车的事，透露自己“光是到公司附近的地铁站就累得不行了”。人事部的负责人感同身受，于是设定了弹性上班时间。后来尽管M搭电车上班还是没座，但再也不用忍受在电车中被挤到变形了。

M又和上司说了工作环境上的困扰。“周围没有人的时候我才能更好地集中注意力。”上司了解后告诉他：“想要集中注意力的时候可以去没人的会议室。”

此外，他还在和上司的例行交谈中询问了如何同前辈相处。“我知道他人不坏，”他开口说道，“但总觉得和他说话要注意。大家是怎么做的呢？”上司听后告诉了M和前辈交流的方法。

通过这些方式，M为自己创造了便于工作的环境。

通过用语言表达出自己的困扰，就会有人来帮助自己。请向周围人敞开心扉，告诉他们“我因为这件事感到很苦恼”“我想这么做，不知道行不行”。

第5章

细腻的人大展身手的技巧

我要努力和自己的“敏感”和平共处

敏感有时会让人容易感受到压力，但同时也能让人感受到愉悦，深深地品味幸福的滋味，这是一个非常不错的特点。

本书前面先后介绍了敏感的结构、如何从容应对人际关系以及轻松工作的方法。

如果你觉得累，不妨使用本书中介绍的方法，这些方法可以帮助你轻松渡过难关。

但是，这些方法还有进阶方案——不仅可以消除敏感的弊端，还能发挥敏感的长处。

在最后这一章，我将介绍细腻的人的优势，以及如何发挥这些优势。在此之前，请容许我介绍我自身的情况。

◇ 鞭策自己工作的职员时代

正在写这本书的我，也具有敏感的特质。回想起来，我从小就十分敏感，但直到自己步入社会后才真正意识到，“自己似乎比其他人敏感”。

大学毕业后，我便进入工厂工作，当时的职位是商品开发部的技术人员。虽然上司和同事对我挺好，但每天都忙到深夜。我在工作上也取得了一些成果，比如成功缩小了商品的体积、申请专利获得了表彰等，但不管取得了怎样的成就，我都没有自信，每天都逼着自己“一定要完成这、完成那”。

一次，商品发售日逼近，整个部门忙得团团转，已经开始有人选择停职休息了。等到被提醒的时候已经晚了，提交上重要的实验数据后的第二天早晨，我就像是再也无法回弹的橡皮筋一般崩断，再也去不了公司了。那是我进入公司的第6年。

“自己为什么没能扛住压力呢？”

我觉得自己对不起一同工作的同事和上司，边哭边责备自己。我本打算休息1个月后再回公司，但仅仅看到公司的标志就泪流不止，怎么都不能正常去上班，一直休息了2年。

◇ 经历停职后，意识到自己的敏感

静静地画着画，远远地看着天空……

我无法工作，就只能把自己关在家中。一个人生活期间，我注意到了自己安静的一面。不愿做没用的事，工作时常常绷紧神经，除了这一面，我看到了自己完全不同的一面，那是安静又沉稳的一面。

那是成年后被我遗忘的另一个自己——“敏感的自己”。

也是在那时，我阅读了伊莱恩·阿伦博士的《高度敏感的人》，知道了HSP这一特质。

停职2年后，我回到了工作岗位。那件事发生在我整理实验数据时。

“啊，这么做就行啊。”

不同的数据要如何计算？今后要做什么实验？

随着不断深入思考，我开始被一种神奇的感觉包围住了。

我竟能看清未来，感受到未来触手可及。那种感觉静谧又充满力量。

短暂的思考后，我明白了自己要做什么，以及怎么做。

那是在工作中充分发挥敏感的优势的第一次感受。

辞职后，在不断探索什么工作能够发挥自己优势的过程中，我开始了自己的咨询业务。

尽管我是自学开始，但竟然刚起步就进展得十分顺利，咨询者也不断传来了喜悦的呼声。

“你为什么这么了解我？”

很多咨询者对此感到十分惊讶。

我捕捉到咨询者说话的语调、举止、眼部动作、独特的表达等小信号，从中准确判断出他们真实的想法。

探悉不善言辞的人的真实想法，认真工作，大量收集细微的信息从而预测最佳的方法。我深切体会到了，原本在高压工作环境中让我频频碰壁的敏感在适合自己的环境中竟然能发挥如此强大的作用。

尽管敏感会让人容易感到压力和疲惫，但即便如此，我仍然觉得“敏感是一种不错的品质”。

品尝到美味的晚餐；惊叹于丈夫竟然发现“女儿的睫毛长

长了”；具有强大的观察力，和咨询者进行深入内心的交流。

得益于敏锐的感觉，每天我都能感受到生活中的小幸福，感到工作非常充实。

和六百多位咨询者交谈后，我深深地感悟到了一点。

那就是“人只有活出自我，才会活力四射”。

对于细腻的人来说，敏感是自己非常重要的一部分。接纳敏感，将其视作“不错的品质”，能够帮助自己实现自我肯定。

“我既有敏感之处，也有大大咧咧的一面。这就是我。”

不妨像这样完全接受自己。我就是这样想的。

细腻的人普遍具备的“五大力量”

细腻的人普遍具有五大优势力量。

它们是感知力、思考力、欣赏力、良心的力量和直觉的力量。哪种力量更强，因人而异。

那么下面具体来看一看这五种力量吧。

◇ 感知力

感知然后行动。基于感知到的事物发挥想象力展开思考。欣赏感知到的事物。感知力是一切行为的出发点。

人际关系

- 完全理解对方的话语，善于倾听。
- 判断对方的需求，细心体贴。
- 发现对方的优点。

工作

- 发现别人注意不到的细微的改善之处。
- 察觉到风险。
- 观察对方的动作，不知不觉中自己也会做了。

兴趣等其他

- 注意到小机关和特别之处并乐在其中。
- 捕捉到日常生活中的小喜悦。

粗略列举一下，就有这么多优势。

特别想强调的是，细腻的人非常擅长“倾听”这一优点。

其中，还有人表示“关系不是特别好的人也向自己敞开了心扉，说了自己的烦恼”。这并不是依靠技巧达到善于倾听的效果，而是通过深刻理解对方的话语，侧耳倾听和尊重对方这些敏锐的感觉实现的真正意义上的善于倾听（当然，如果细腻的人学习一下倾听和指导的技巧的话，则会变得更加厉害）。

即便与对方价值观不同的，细腻的人也不会轻易否定对方的观点。而是会考虑到说话的背景，发散思维，了解到“原来还有那样的思考方式啊”“这也不错啊”，落落大方地倾听。对方就可以放心表达，感受到自己得到了理解。

感知力在工作中可以帮助细腻的人注意到别人注意不到的细节，发现问题点。

比如，立刻就能看到文件中的错别字和漏字问题，设计传单和宣传册时发现仅有的一处数字字体问题。和逐字逐句地检查相比，一眼就能发现自然方便得多，从而帮助细腻的人胜任要求细心不出错的工作。

此外，感知力不仅可以避免错误，还能帮助工作顺利进行。

举个例子，细腻的人中有人擅长观察并模仿别人的动作。

那么，当他在厨房打工时，只要看到前辈的动作就能在不知不觉中学会。看到前辈制作资料，就能学会电脑软件的使用方法和资料制作的要点。

正是因为他能够感知到对方行动的意义甚至背景原因，比如采用特定顺序的原因以及怎么做能提升效率等，所以能够模仿得十分到位。

并且，细腻的人还擅长发现细节，并乐在其中。

例如，看话剧时发现了演员服装和演技中的小机关以及特别之处，就会非常开心。日常生活中，在咖啡厅结账时，发现收银机旁边装饰有万圣节的南瓜或圣诞树等特定节日的物品，就会忍俊不禁。细腻的人可以发现人们精心设计的小心思和小机关，迅速明白对方的用意。

另外，发现店员非常温柔时会感到开心，晚餐中的鱼烤得很软，惊叹“天哪，真好吃”时也会嘴角上扬。他们总是能捕捉到日常生活中的小喜悦，这是他们的优势。

◇ 思考力

· 深入观察。

· 对理所当然的事物抱有疑问并加以改善。

· 感兴趣的问题追根究底。

深入思考也是细腻的人的优点。对于别人认为理所当然的事物抱有疑问和兴趣，展开想象力思考“为什么会变成这样”。

他们看到店铺仓库库存杂乱地堆积在了一起时，会提议“整理一下就可以在忙碌时也能及时上架商品”，看到同事不能和外国游客沟通交流时，就会制作服务游客的英文小册子，并分发给同事。从大问题到小的不便，他们都会用自己独特的视角发现有待改善的点，并加以改善。

私人层面上，他们也有狂热的一面。例如，看到乐队歌曲的歌词后兴趣油然而生，好奇“这些人都经历了怎样的人生”，并制作年表，了解这些艺术家们多大的时候创作了这首曲子。上网的时候他们会好奇“为什么电脑能够连接网站，原理是什么”，于是便调查通信的历史和原理，只要感兴趣就坚持到底。他们沉浸在自己的世界里，乐在其中。

◇ 欣赏力

· 发现“美好”事物，深入欣赏。

· 产出令人欣赏的事物（用绘画、照片或音乐等来表现）。

去公司的途中仰望天空时，看到阳光闪耀，感受到空气清新。淡蓝色的天空看上去好像有好几种颜色。于是不由自主地停下了脚步，感叹一句“真美啊”。看到电影的预告片时会感受到其中传递的包容的世界观，泪流满面。

世界的美好与包容，人们的暖心。发现“美好事物”并深入欣赏是细腻的人的长处。

绘画、唱歌、音乐、照相机、文章、俳句[1]、手工艺品。

很多细腻的人都在用不同的方式表达自己的内心，有用文字表达的，有画出来的，还有用歌声表达的。

细腻的人宛如分辨率极高的照相机，可以精确地捕捉到细微的“美好事物”，并在心中进行欣赏，对于重要的部分则会提炼一下以某种形式表现出来。

1　日本的一种古典短诗。

通过风景照捕捉到柔和日光，用绘画表达内心的想法，用细腻的语言将自己的感受写进博客。细腻的人的表达能够抓住看者的心。

◇ 良心的力量

· 真诚地对待信任的事物。

· 让自己满意的同时诚实待人，发挥巨大的力量。

细腻的人懂礼貌有良心。他们乐于助人，总是为他人着想，热心又温柔。很多细腻的人都会给周围的人一种热心的感觉，所以总是有人向他们问路。甚至有人表示，“人在国外都会来问路。”

他们有良心不仅表现在人际关系中，还表现在工作上。他们非常重视在让自己满意的同时，诚实待人。

不少从事经营和服务业的细腻的人都表示，自己“想销售发自内心觉得好的商品。只给顾客推销实用的商品。为了提高营业额，向顾客销售不必要的商品就像在骗人，所以非常排斥”。如果从事的是服装业，“就想销售适合顾客的服装。非常不愿意在不合适的时候嘴上还要口是心非地说‘真合适’”。让自己满意，诚实待人。当这两者同时满足的时候，细腻的人就能在工作中发挥巨大的力量。例如，从事按摩工作的时候发现仅用一套技巧改善顾客的身体状态效果十分有限，于是便学习各种各样的技巧和方法，找到最佳的按摩手法。从事经营工作时通过贴心的售后服务广受好评，顾客越来越多，即便自己不去主动推销也能卖出高价商品。

真诚地对待自己所信任的事物可以实现自己和顾客的共赢。

◇ 直觉的力量

- 找到适合自己的事物。
- 发现工作上的问题点。
- 探析事物的本质。

“不明白为什么，但感觉就是这样”“看到的瞬间就产生了灵感”。细腻的人的直觉非常敏锐。

直觉能够帮助细腻的人找到适合自己的事物。

H非常喜欢小说，但对杀人事件系列小说不感兴趣。他说自己“喜欢在平淡的日常生活中破解小谜题的故事”。本以为想要找到这种题材的书需要花费很大精力，但H只要在书店看看书名就能选到自己喜欢看的书。据说，如果是平放着堆积在一起的书，通过书本的装订也能获得线索，而对于书架上摆放的书，H只要看一看书名就能判断出那本书自己是否感兴趣，实际上他的判断几乎没有出现过失误。

此外，当他觉得某家餐厅非常不错时，往往进去后发现果真如此。他还可以仅看外观就能判断咖啡厅是否舒适。细腻的人的直觉总是能帮助他们找到对自己来说“好的事物”。

直觉在工作上也能发挥作用。

我曾听从事制造业的细腻的人说起，“很奇怪，觉得实验数据有问题。于是检查了一下感觉有问题的数据，发现果然有错误”“有问题的地方就像是凸出来了一样”。

从事财务工作的细腻的人在“数字对不上的时候，只看了一眼Excel表格就会有奇怪的感觉”，领导部下的经理“早晨上班后看一眼团队成员，就能知道他们状态好不好。如果感觉他们可能会出错，就会及时提醒一声”。

逻辑思考遵从“因为A能满足B，所以C”的顺序，推导出结论，与之相对，直觉则表现为立刻指出“这里不太对”。因此通过直觉可以快速地发现问题点。

◇ 通过细腻的人的力量增强自己的优势

想要更好地发挥细腻的人的优势需要做到以下两点：

1. 与自身优势相结合。
2. 保持身心收放自如。

请有意识地记住这两点。单独利用细腻的人的优势也不是不可以，但如果能和自身的优势相结合，达到相辅相成的效果则会更加强大。

例如，擅长服装搭配的服装店店员（自身的优势）通过与顾客的交谈，发现了顾客“想穿可爱点的衣服”（细腻的人的优势），就可以推荐时尚可爱风格的衣服。

此外，细腻的人的优势是以感知和欣赏等“身心”条件为基础才得以发挥的。所以，想要发挥全部的力量，需要让自己置身于可以自由感受、安全放心的环境下。

如果是刚结束高压工作，感觉不够敏锐的时候，请悠闲地喝口茶，看看天空，抽时间舒缓自己的身心。身心得到舒展后，就可以轻易地发挥敏感的力量。

重视自己的真实想法，让自己更加充满活力

前面介绍了细腻的人的心理结构、人际关系和如何在职场轻松工作的具体方法。

本章作为收尾的部分，将介绍一生都受用的“细腻的人积极生活的关键方法”。

本书的开头部分也介绍过，细腻的人同样可以活出自我，积极向上。当初对此表示怀疑的读者，你们在读完前面介绍的“优势”和“发挥优势的方法”后，是不是已经有点眉目了呢？

细腻的人想要活出自我，积极向上的关键取决于自己的真

实想法——“我想这么做”这一想法是最重要的。

从私人层面的小愿望，“想散步”“想好好睡一觉”，到工作上的期待，“那个人不好相处啊”“希望今天不要加班”。

正视自己的这种“想这么做”的想法，通过采取行动一点一点地去满足，重视“我喜欢这个”“我想这么做”的想法，增强自我的中心轴。

自我中心轴增强后，就不会被他人的感情和意见左右，在人群中也能应付自如。想做的事也能实现。

细腻的人通过重视自己的真实想法意志可以变得更加坚定。

意志变得更加坚定指的是什么呢？

意志坚定绝不意味着迟钝。

而是在依旧能细致入微地感受到春天的气息、美丽的蓝天以及周围人的善意等的情况下，对于让自己心生不快的事物、不必要的事物，能够轻松地摒弃。

信任自己的敏感，就能从根源上避开令人生厌的事物。通过将敏锐的感觉作为指南针，区分对自己有益的事物和无用的事物，能够帮助自己远离对自己不友善的人，避开不适合自己的工作。

当然，人生不可能完全不会遇到令自己厌恶的事物。有时也会遇到不懂礼貌和不成熟的人、价值观不同的人，心情会因此而感到低落。

但即便在这种情况下，意志坚定也能帮助自己让心情迅速平复下来。

了解自己真实想法的三种方法

上文写到细腻的人想要积极向上地生活，满足自己的真实想法非常重要呢。但是，“是不是结婚比较好啊？”“想跳槽，但是不是维持现状比较好啊？”

有时候，他们会分不清自己的真实想法。

那么，怎样才能了解到自己的真实想法呢？

细腻的人总是容易受到社会大众的想法以及周围人的需求的影响。

为此，有必要仔细注意区分开自己的真实想法和社会大众的想法。

有三种方法可以帮助自己了解自己的真实想法。

第一种是以语言为线索进行解读。第二种是感受自己敏锐的感觉。第三种是与自己对话。

◇ 了解自己真实想法的方法1
——以语言为线索进行解读

首先，最简单的区分方法就是，自己是“想这么做”，还是“不得不这么做”。

如果是“想这么做”，那么就有可能就是自己的真实想法，如果是“不得不这么做”，则是社会大众的想法，自己可能并不想那么做。

例如，以“在家休息得很好，但不得不去公司”为例。

因为“不得不去公司”强调的是“不得不”，所以实际上自己并不想去公司。

◇ 了解自己真实想法的方法2
——感受自己敏锐的感觉

上文介绍了可以通过“想这么做”还是“不得不这么做”来区分，但有时候口头上说“想这么做”，内心却并不这么想。

例如，“想备考资格证，但总是没时间”。

像这种语言和行为不符的话语在精神科医生泉谷闲示的著作中是这样描述的：“‘大脑’伪装成了‘内心’，进行了表达。”

就算是语言结构上符合“想”“不得不”的表达，如果过去的经历有影响、考虑到能够获得学习的成果、为了将来而做谋划等因素得出的结论的话，那么这就是来自“大脑”的表达，和“内心”的表达是不同的，这时“身体”的某处会感到别扭。

想备考资格证，但总是没时间。

像这样嘴上说着“想”，身体却不行动的时候，请试着感受一下觉得“想这样做”时的身体状态。

嘀咕“想这样做”的时候，或是想象这样做的时候，如果

· 感到不舒服。

· 心情低落。

· 觉得有义务这么做。

那么至少表明“现在”不想这么做。

如果是嘴上说着“想这样做”，实际上“现在”不想这么做的话，那么现在真正想做的是什么呢？

细腻的人经常出现过度努力导致筋疲力尽的情况。

所以，想做的事可以是“想睡觉”“想休息”。如果产生了想好好睡一觉、想休息的想法，请允许自己放松休息一下。

做自己想做的事就会为身心积攒能量。能量积累后，自然就会产生想做些什么的想法。于是便能朝着自己想做的事的方向，顺利前进。

嘴上说着“想这样做”，身体却不行动，这时请问问自己，“这一瞬间，你想做什么？”

◇ 了解自己真实想法的方法3——和自己对话

接下来要介绍的方法强力而有效，如果掌握了，就能在面对“想跳槽”“参加相亲活动是不是比较好”“怎么照顾父母呢”等重要决定的时候轻松掌握自己内心的真实想法。

并且，做法非常简单。用以下两步就能完成，不妨试一试。

1. 一口气将意识集中在腹部，想象小时候的自己。

每个人想象出来的自己年龄可能在两岁到十五岁不等，可以选择想象一下“自己不在乎周围人的目光，自由自在之时”的样子。我最推荐想象两岁左右的自己。这个时期的自己还在牙牙学语，可以毫不顾忌地对所有人说出“不要”。

2. 试着问一下脑海中幼年时期的自己，现在感到迷茫的事。

例如，问一问他“想学习吗”。如果幼年时期的自己表现出想学习的样子，那么就可以学习。

相反，如果他告诉你“不要”，或者是赌气什么都不愿意回答的话，答案就是不想学习。你所想象的幼年时的自己，代表的就是自己的“真实想法”。如果他在睡觉，那就代表你想睡觉，如果他在玩就代表你想玩。

如果你想温柔地守护幼年时的自己，那就帮助他实现他想做的事，包括睡觉和玩耍。

而因为幼年时的自己还是个孩子，只会用“不要”和“喜欢”这样简单的词汇回答，所以关键就在于提问的时候要使用简单的疑问句，如“你喜欢那个人吗”“你想学习吗”等。

来咨询的细腻的人使用了这个方法后出现了“倒是想象了，但小朋友有些任性”“他赌气不愿意回答”等情况。这是因为他们很长一段时间压抑了自己的真实想法，内心已经在闹别扭了。

这种时候，请在1天内多次想象幼年时的自己，温柔地和他打招呼。坚持和他说说话，慢慢地他就会一点一点地开始和你说话，告诉你“想睡觉”“想玩耍”“不要”等。

偶尔还会听到有人说：“以前就试过想象幼年时的自己，他一直告诉我‘想玩’，但我让他‘闭嘴’，一直压抑自己。”

幼年时的自己就是自己的内心。

如果是一时难以实现的事，听到幼年时的自己说“不要”

时，也不要对他说“闭嘴”“不可以”，首先要附和他，对他说“这样呀，确实不想呢”。

如果很难想象到幼年时的自己，也可以试着和自己喜欢的玩偶、石头等说一说。问一问它们“想做什么呀”，结果将令你惊喜，它们会立刻给你答复。

以上介绍的三种方法适用于任何情况，如果能选择让自己置身在安全放心的地方，那么将更容易了解到自己的真实想法。可以在自己的房间、喜欢的咖啡厅或公园等让你放心的地方，以放松的状态试一试。

从每天“想做”的小事开始，循序渐进地实现

如果了解到了自己“想做”的真实想法，请务必一点一滴地去执行。

但如果是面对“想辞职”等要做出重大决定的时候，基本上不能当机立断。这时，可以从实现自己真实的小想法开始尝试。

如果觉得“那个人不好相处啊”，就不要自己主动接近他。

如果觉得“想好好睡一觉”，就在休息日睡到自然醒。

如果“想去公园散步”，就放下家务活，暂停备考资格

证，休息一会儿，出去走一走。

开心、快乐、松了口气。

每天满足一点自己的真实小想法，内心就会充满能量。

此外，一点一点满足自己内心的小想法后，慢慢就会培养出选择“对自己来说好的事物”的感觉。社会和周围人的看法不再重要，自己的好恶将更加清晰。

在面对跳槽和人际关系等重大决定时，要扎根于自己的生活方式，问一问自己想要怎样的生活。通过日常的开心、快乐、放心，构筑“我想这样做”“我想这样生活”的台基，慢慢地培养自己做出重大决定的能力。

想要满足自己内心的真实想法，可以从小事开始。

用自己喜欢的马克杯慢悠悠地喝茶，在公园悠闲地赏花，画一幅画等，不妨从小事开始做起。

案例专栏——细腻的人的故事5

了解自己的真实想法，重振精神

K因为常加班，当前工作内容主要都是自己不擅长的部分，所以想要离职，为此他前来咨询，想知道如何对待下一份工作。

尽管有想要从事的工作，但由于不是正式员工，周围的人纷纷劝他“想一想未来”“钱的问题……”，为此他闷闷不乐。想要好好休息，周围的人又说“早点儿跳槽比较好”，因此无法休息。他整个人都处在被周围人的声音支配的状态中。他觉得自己的未来不太乐观，今后肯定还是每天都很煎熬。

而让他最终打起精神的契机，是他直面了自己的内心。

究竟想从事什么样的工作？在一点一滴地表达自己的心情的过程中，他渐渐吐露了心声，“我觉得当下的幸福最重要！”比起为了自己的将来选择忍耐继续工作，自己更想做喜欢的工作。即便不是正式员工也没关系。不想立刻跳槽，现在只想好好休息，做做自己想做的事。

当K意识到自己的内心真实想法，觉得“当下的幸福最重要”时，他似乎感觉到真正的自己对他说：“很开心，你终于意识到我的存在了！”与此同时，他对自己深感歉意，“一直以来忽略了自己的心情，让自己过得很痛苦，很抱歉”。

发现了自己内心的真实想法后，K再次振作了起来。他会去美术馆，会美美地睡上一觉，还会给朋友写信。他发现自己有很多想做的事，每天都过得很快乐。家人也非常开心地说道：“脸色也变好了，和以前完全不一样了。太好了！”

K感受到了前所未有的轻松，觉得“现在的状态非常好”，内心沉稳。他激动地说：“精气神恢复后想尝试各种各样的工作。对于感兴趣的工作，就算不能成为正式员工，也想勇敢尝试。”

结语

细腻的人活出自我后，会越来越有活力。

这是我和六百多位细腻的人交谈后得出的结论。

活出自我意味着自我肯定，包括肯定自己的敏感，以对自己来说的“开心”“快乐”“舒适”“激动”为基准选择人、地点和事物。

区分开社会大众的看法、周围人的看法和自己的真实想法，听取自己内心的真实想法。不去勉强自己，重视自己的真实想法，正视“我喜欢这个，想这样做”的想法，以此增强自我中心轴。

不勉强自己，实现自我满足后，内心就会感到温暖，充满力量。不用过度地为他人着想，自然就能友善对待周围人，建立起良好的人际关系。

这样培养了“可以活出自我”的安心感后，就会对自己的未来充满期待，想做就做，度过活力四射的人生。

◇ 最后，写给细腻的人的话

友善待人，用心待人。

观察各种事物，善于思考。

我非常喜欢这样的细腻的人。

工作，人际关系。和细腻的人交谈，深入到他们的内心后，我深刻体会到他们在真诚地面对自己。即便是向我诉苦，和他们聊过后内心深处也会涌起一股暖流。

现在的我，一边写着书稿，一边深刻地感受到世人对细腻的人的支持与守护。

细腻的人的周围有许多好心人，无论对方是细腻的人还是非细腻的人，他们都会暖心地守护，听到别人工作上有困扰时会帮忙解决，支持别人做自己想做的事。本书中介绍到的细腻的人也表示：“如果我们的经历能帮助到和自己有着同样烦恼的人就好了。”

世界上有许多细腻的人。

给予他们支持的人也有很多。

如果拿到这本书的细腻的人能够重视自己的真实想法，迈出一两步，我将不胜荣幸。

我衷心希望细腻的人能够活出自我，尽情欢笑。